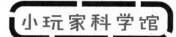

小玩家科学馆

U0157156

玩出 一个小小 数学家

王雉浩 编著

当心，
答案可不
那么简单！

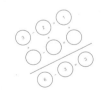

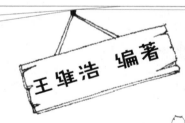

四川科学技术出版社

图书在版编目 (CIP) 数据

　　玩出一个小小数学家 / 王维浩编著. —— 成都：四川科学技术出版社, 2020.7
　　ISBN 978-7-5364-9877-8

　　Ⅰ.①玩… Ⅱ.①王… Ⅲ.①数学—少儿读物 Ⅳ.①O1-49

　　中国版本图书馆CIP数据核字(2020)第117794号

小玩家科学馆

玩出一个小小数学家

WANCHU YIGE XIAOXIAO SHUXUEJIA

编 著 者　王维浩

出 品 人　程佳月
策划编辑　肖　伊
责任编辑　郑　尧
封面设计　小月艺工坊
责任出版　欧晓春
出版发行　四川科学技术出版社
　　　　　成都市槐树街2号　邮政编码 610031
　　　　　官方微博：http://e.weibo.com/sckjcbs
　　　　　官方微信公众号：sckjcbs
　　　　　传真：028-87734039
成品尺寸　165 mm × 230 mm
印　　张　10.5
字　　数　200 千
印　　刷　四川省南方印务有限公司
版　　次　2020年9月第 1 版
印　　次　2020年9月第 1 次印刷
定　　价　29.00元

ISBN 978-7-5364-9877-8

邮购：四川省成都市槐树街2号　邮政编码：610031
电话：028-87734035

目 录

愚蠢的将军……………………001

不会说话的主人………………003

数学家判赌局…………………005

猜页码…………………………007

小黄的把戏……………………009

聪明的公主……………………011

小姑娘智胜国王………………013

欧拉智改羊圈…………………015

小猫卖鱼………………………017

《百鸟归巢》图的秘密………019

巧治酒贩子……………………021

老师的年龄……………………023

加德纳做游戏…………………025

猜谜的女服务员………………027

女服务员的工作时间 ………029

巧算灯盏………………………031

吝啬的老板……………………033

粗心的钟表师傅………………035

对开的邮车……………………037

百只羊…………………………039

有趣的遗嘱……………………041

春游……………………………043

四兄弟…………………………045

果汁重…………………………047

水果店…………………………049

鸡牛之数………………………051

买饮料…………………………053

分香蕉…………………………055

登山坡…………………………057

到校时间………………………059

彩纸……………………………061

采果子…………………………063

上楼……………………………065

礼盒……………………………067

学号……………………………069

几个运动员……………………071

哪样多 ················ 073

搬青虫 ················ 075

放苹果 ················ 077

共有多少 ·············· 079

手表的时间 ············ 081

可乐多少钱 ············ 083

多少岁 ················ 085

多少骆驼 ·············· 087

男孩与女孩 ············ 089

池塘莲花 ·············· 091

打水 ·················· 093

吃巧克力 ·············· 095

错在哪里 ·············· 097

找零钱 ················ 099

摘桃子 ················ 101

截木头 ················ 103

挖坑 ·················· 105

油桶的油 ·············· 107

开往城里的列车 ········ 109

逃走的动物 ············ 111

分面包 ················ 113

采野果 ················ 115

馋小子 ················ 117

分玉米 ················ 119

登滑梯 ················ 121

运车时间 ·············· 123

赛跑 ·················· 125

切蛋糕 ················ 127

一百个馒头一百僧 ······ 129

赶羊过关 ·············· 131

朱元璋分油 ············ 133

奇怪的事 ·············· 135

猜糖 ·················· 137

大学老师 ·············· 139

丁谓建宫殿 ············ 141

妙用请柬 ·············· 143

过河 ·················· 145

烤面包的学问 ·········· 147

生死门 ················ 149

农民与小偷 ············ 151

拈阄成婚 ·············· 153

谁捡到的钢笔 ·········· 155

额头上的黑点 ·········· 157

骑士与无赖 ············ 159

鲍西娅的肖像 ·········· 161

愚蠢的将军

有这样一个故事说：东西相邻两国发生了战争。两国之间有一条大河，河上没有桥，而且因为战争，摆渡的船也都停止了运营。西边的国家取胜心切，派了一名大将率领8 000士兵进攻东边的国家。大军在河边集结以后，为了能快速渡河，将军派人查看河水情况。

"这条河的水深情况如何？"将军问。

部队参谋回答道："将军，平均水深是140厘米。"

"那我们士兵的身高情况呢？"

"士兵的平均身高是168厘米。"

"太好了，这样头正好可以露在水面上走过河。大家跟上，过河吧！"将军非常得意，下了过河的命令。

士兵们一排接一排，向河水中走去。但是他们越走水越深，水先没过了腿，然后是腰，接着没过了脖子，差不多走到河中央时，将军和士兵们就全部没入了水中，伤亡惨重。

这是怎么回事呢？问题究竟出在哪里呢？

请根据狗脚上的这组数据，推理出问号处该是什么数字？好好转动你的小脑瓜吧！

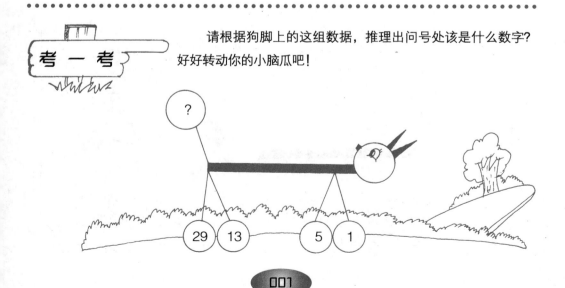

疑解难点

问题的根源出在"平均"二字上。说"平均"水深为140厘米，并不是说河水最深的地方只有140厘米。其实，若河水最浅的地方只有100厘米，则河中央最深的地方就可能有180厘米。所谓140厘米，仅仅指的是平均值，故身高没有超过180厘米的士兵显然会被没入水中。

答案

狗尾问号处应填入17，因为相邻两数之差为4，即：

$$5-1=4,$$
$$9-5=4,$$
$$13-9=4,$$
$$17-13=4$$

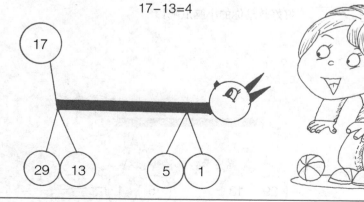

很久以前，在一个村庄里有一个远近闻名的财主。他常因不加思考就说出一些话而得罪了不少人。

有一天，他设宴请客，桌上摆满了鸡鸭鱼肉、山珍海味。客人来了不少，可是他希望能来的那几个人却没来，他非常失望，就不假思索、自言自语道："该来的怎么还不来呢？"

在座的客人们一听，心里凉了一大截，大家以为财主并不欢迎他们的到来。于是，有一半的人饭都没吃就走了。

财主一看，这么多人不辞而别，心里十分着急，又不假思索地说："啊！不该走的倒走了！"

剩下的人一听，心里很生气，"他这么说，是当着和尚骂贼秃。这么说，我们才是该走的了！"于是，剩下客人中的2/3不告而别。

财主更着急了："这，这，我说的不是他们啊！"

剩下的3个客人听到主人这么说，还能坐得住吗？"不是说他们，那就是说我们啦！"最后，剩下的3个人也都气冲冲地打道回府了。

结果，宾客全部走了，只剩下财主一人干着急。

那么请问，在财主无意间气走客人说的第一句话以前，到场的客人有多少呢？

你看下面是一座铁塔，请你数一数，这座铁塔共有多少个正方形？小朋友千万别数漏掉了哟！

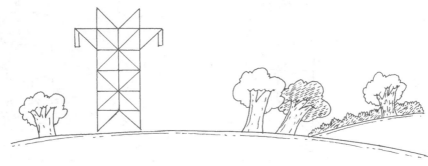

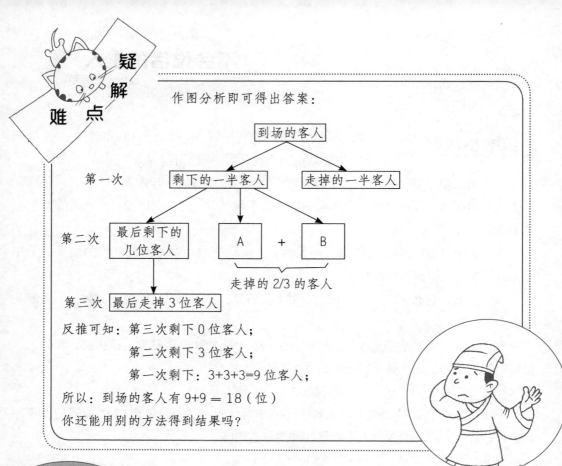

疑解难点

作图分析即可得出答案：

到场的客人

第一次　剩下的一半客人　　走掉的一半客人

第二次　最后剩下的几位客人　　A　＋　B

走掉的2/3的客人

第三次　最后走掉3位客人

反推可知：第三次剩下0位客人；

第二次剩下3位客人；

第一次剩下：3+3+3=9位客人；

所以：到场的客人有9+9＝18（位）

你还能用别的方法得到结果吗？

有 12 个正方形。

数学家判赌局

数学家、物理学家和哲学家帕斯卡有一次出外旅行。

为了打发无聊的旅途时光，他和偶遇的贵族子弟梅果闲聊起来。这梅果嗜赌如命，曾遇到过一个分赌金的问题，至今让他迷惑不解。

梅果说，有一次他和赌友掷骰子，各用 32 个金币做赌注，约定：如果梅果先掷出三次"6 点"，或赌友先掷出三次"4 点"，就算赢了对方。

两个玩了一阵儿，梅果已经掷出了两次"6 点"，赌友则掷出了一次"4 点"。可就在即将分出输赢的时候，梅果得到命令，需要立刻觐见国王，所以这场赌局只得中断了。那么他俩该怎样分这 64 个金币的赌金呢？梅果和赌友争执起来。

赌友说，梅果要再掷一次"6 点"才算赢，而他自己如果再掷出两次"4 点"也就赢了，这样一来，自己所得的应该是梅果的一半，就是说，梅果得到 64 个金币的 2/3，他自己得 1/3。可梅果却说，即使是下一次赌友掷出个"4 点"，自己没掷出"6 点"，两人"6 点""4 点"各掷出两次，那金币也该平分，各自收回 32 个金币，更何况如果自己再掷出个"6 点"来，那就彻底赢了，64 个金币就该全归自己了。所以，他应该先分得一定能到手的 32 个金币，余下的也应该平分，即梅果应该得到 32+32/2=48（个）金币，而赌友只能得 16 个金币。

那么，梅果和赌友的金币到底该怎么分呢？帕斯卡的答案又是什么呢？

考一考

请你根据这些数字的变化规律，推算出问号处应填入什么数？

这样一个看似简单的问题，竟把帕斯卡这位大科学家给难住了。帕斯卡为此足足苦想了三年，才得出了一些结论。于是他又和自己的好朋友，当时的另外两位数学家费马和惠更斯展开了讨论。他们最终得出一致的意见：梅果的分法是对的，因为赌博必须中断的时候，梅果赢得全局的可能性是3/4，而赌友取胜的可能性是1/4，梅果一方赢的可能性更大。后来，三位数学家的结果被惠更斯写进了《论赌博中的计算》一书，这本书被公认为世界上第一部有关概率论的著作。

答　案

应填16，因为从2开始，前一个数加后一个数，得到下一个数，如2+4=6，4+6=10……

数学小故事

猜页码

一天玲玲到红红家里去玩，刚好红红正在家里看课外书，玲玲对红红说："告诉我你这本书共有多少页？"

"160 页。"红红说。

"那我猜 7 次就能猜出你现在看到哪一页了。"玲玲说。

"真的？"红红不相信。

"那咱们来试试，我每猜一次，你只要说对或不对就行。"玲玲说。

"好吧。"红红说，并赶紧用心记住了自己看到的页码。

玲玲说："你的页码大于 80？""对的。"红红说。

"你的页码大于 120？"玲玲说。"对的。"红红说。

"你的页码大于 140？""不对。"

"你的页码大于 130？""不对。"

"你的页码大于 125？""不对。"

"你的页码大于 122？""不对。"

"你的页码大于 121？""对的。"

"那你现在正在看 122 页，对吧？"玲玲问。

红红说："对了。"

你知道玲玲是怎么猜的吗？

考 一 考

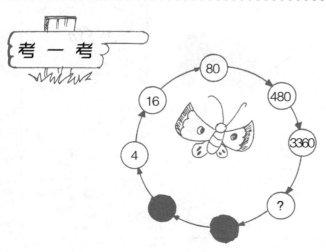

请你找出图中这些数字的变化规律，并把问号处的数填上。

疑难解点

玲玲用的是对半取舍法。每次都将所剩总数的一半提出来，就可缩小一半的范围，最后就能缩到很小的范围，答案也就明显了。

答案

应填入 26 880。

因为从 4 开始，4×4=16，16×5=80，80×6=480,480×7=3360，3360×8 = 26 880

小黄的把戏

小黄把一叠 13 个一元的硬币往桌上一放，对小李说："这里有 13 个硬币，咱们轮流各取几次，取最后一个的人为输。取的方法，一次限取 1~3 个，不能一次取 4 个，好了，你先取吧。"

小李觉得听起来还挺有趣，便和小黄开始了游戏。可奇怪的是，游戏开始后两人玩了很多次可每次都是小李拿最后一个，所以每次都输。

这是怎么回事呢？小黄作弊了吗？还是说这游戏中有取胜的秘诀呢？

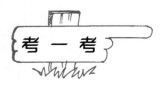

请你把 1~11 各数填入图中的圆内（5、6、1 已填好），使三个大圆上的四个数之和都为 24。你知道怎么填吗？

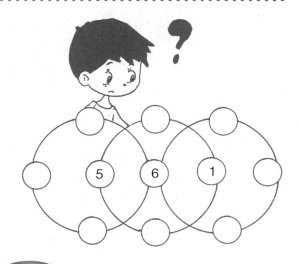

最后给对方留下5个硬币，是游戏的关键。仅留5个，对方就必须在下列三种方式里选择一种，但不论用哪种方式，最后1个硬币必定归对方。

1.共留5个，对方拿1个，这边取3个，对方拿1个，输。

2.共留5个，对方拿2个，这边取2个，对方拿最后1个，输。

3.共留5个，对方取3个，这边拿1个，对方取1个，输。

推至从开头开始，如果要最后留下5个给对方，先得使13个硬币留下9个给对方。如这时对方仅拿1个，这边拿3个剩下5个；对方如拿2个，这边也拿2个，剩下的仍是5个。对方拿3个，这边拿1个，也留5个。这样一来，只要一开始从13个硬币中，用上述方法留下9个，除非对方作弊拿4个，否则是决不能赢的。

答 案

如图所示。

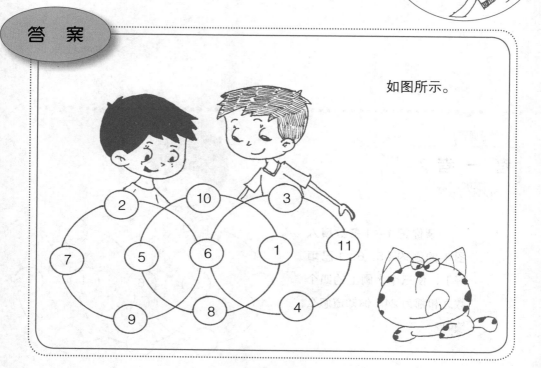

数学小故事

狄多是罗马帝国附近一个国家的公主，她非常聪明。在狄多十几岁的时候，国内发生叛乱，国王被杀死，她历经千辛万苦逃到了非洲。

狄多公主不仅失去了父亲，而且失去了国家。她希望能为父亲报仇，但她首先得有一块栖身之地。于是，她去求见当地的酋长雅布王。酋长非常同情狄多公主的遭遇，但又不愿给她自己的土地。进退两难时，手下给他出了一个主意，酋长听了，决定照办。第二天，雅布王召见公主，他令人拿出一张牛皮，指着它说："亲爱的狄多公主，我决定赐给你一些土地。看见这张牛皮没有？你用它围住多大的土地，我就把多大的土地赐给你。"

狄多公主看了看那张牛皮，沉思了一下，然后走上前去，拿起牛皮并对雅布王鞠了一躬，说："谢谢您的好意，我现在就去围地。"说完便带领着卫士们离开了。

狄多走后，雅布王越想越得意，他认为自己这一招做得很漂亮，既表示了自己的善良和同情心，又不会让狄多公主拿走自己的土地，毕竟一张牛皮能有多大呢？可不一会儿，一个仆人满头大汗地跑了进来，报告说公主已经把地围好了，而且围住的面积非常大。正在得意的雅布王大吃一惊，简直不敢相信自己的耳朵。他急忙赶过去查看究竟是怎么回事。

那么，你知道狄多公主是怎样用牛皮围地的吗？

圆圈中的数字都是有特殊联系的，请你根据这一联系，把答案填入问号处的空格里。

狄多公主拿到牛皮后，没有直接把它铺在地上，而是把它剪成了很细很细的皮条，再把这些皮条连接成了一条很长很长的皮绳，她用这条皮绳靠着海岸，围出了一块很大的半圆形的土地。这下，自作聪明的雅布王傻眼了。可是他又不能违背自己的诺言，只能把土地赐给了狄多公主。

公主为什么要围成半圆形的土地呢？原来，若用一定长度的绳子围出一块图形，则围成圆的面积是最大的。这里狄多公主利用了海岸线，把海岸线当成了这个圆的直径，这样围得的土地是最多的。

答案

从2开始，顺时针方向依次增加2。

小姑娘智胜国王

从前，有个小姑娘心地善良，而且懂得非常多的数学知识，被人们称为"最聪明的小姑娘"。小心眼的国王想考考这个小姑娘，就下令让小姑娘来见他。国王见小姑娘满脸稚气，暗想：这么一个黄毛丫头，能有多聪明呢？我随便出个题，准能难倒她。于是，国王说："听说你很聪明，不知是真是假。现在我给你一个任务，如果完成得好，我就封你为'全国最聪明的人'，如果你干砸了，那么对不起，你要去坐大牢。"然后，他说出了早已想好的题目：王宫前面有一个长 50 米、宽 20 米的长方形广场。广场中央立着一个大牌坊。广场需要改修一番，面积不变，牌坊也不许挪动，但改修以后，牌坊必须立在广场的前缘。

国王的问题说完以后，大臣们都不知道应该怎样解答，因此，他们在心里都为这个小姑娘捏了把汗。可小姑娘一点也不惊慌，只见她从容不迫地说："这好办，只要派给我 100 个工人就行了，一周之内，保证完成。"小姑娘说完，自信地迈着大步离开了。

国王艰难地熬过了一周——他很想看到小姑娘失败的样子，可又因小姑娘的自信而不免心中忐忑。这天清晨，国王刚刚起床，侍从便急匆匆地跑过来报告，说是小姑娘已经把广场修好了。国王一听，半信半疑，走出宫门一看：原来的广场完全变了模样。更神奇的是，那座大牌坊虽然未经挪动，却格外引人注目地耸立在广场的前缘。小姑娘是怎样完成这次浩大的工程的呢？

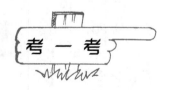

请你找出图中数字的变化规律，然后推算出问号处的数字。

原来，小姑娘头脑中的数学知识发挥了作用。她想起了几何中的一个原理：在矩形中，面积一定的话，长和宽正好成反比例关系。也就是说，当宽扩大了一定的倍数时，要保持面积不变，只需要把长按同样的比例缩小就可以了。根据这一原理，她将广场的长改为40米，宽改为25米。这样，面积仍然是1 000平方米，但牌坊的位置却自然而然地从广场中央变到前缘去了。

答 案

应填6，因为从9到36，依次除以3、4、5、6，便会得到对角扇形框中的数字。

欧拉智改羊圈

欧拉是一位数学天才，他从小就非常喜欢思考，他问的问题老师都经常答不上来。最后，他因惹恼了一位老师，被赶出了校园。

欧拉回家后开始帮爸爸放羊，做了牧童的他一边帮爸爸放羊，一边自学。

爸爸的羊渐渐增多了，原来的羊圈有点小了，爸爸决定建造一个新的羊圈。他量出了一块长 40 米、宽 15 米的长方形土地，正打算动工的时候，却发现篱笆不够用，因为篱笆只有 100 米。这让他很发愁。

欧拉却跟父亲说，不用缩小羊圈，也不用担心每头羊的领地会小于原来的计划。他有办法解决。父亲不相信，但还是同意让儿子试试看。

那么，你知道欧拉是怎样改建羊圈的吗？

请你根据图中数字的变化规律，推算出问号处该填入什么数？

欧拉以一个木桩为中心，将原来的长方形羊圈变成了一个四边都为25米的正方形羊圈。然后，他很自信地对爸爸说：现在，羊圈就能容下所有的羊了。欧拉的父亲很诧异，他把羊赶进羊圈试了试，发现果然如欧拉所言，篱笆数目没变可里边的空间却变大了很多。

原来，在周长一定的情况下，正方形的面积比长方形的更大。

答案

应填36，前一数字交替乘以3或除以2，就会得到后一个数，如 12×3=36、36÷2=18……

小·猫卖鱼

小猫喜欢钓鱼。这一天，小猫钓了一筐鱼。鱼太多，小猫吃不完，它决定把剩下的鱼拿到市场去卖。

狡猾的狐狸走过来说："今天的鱼好新鲜啊，不买有点可惜。这么新鲜的鱼，多少钱1千克？"小猫乐呵呵地说："很便宜，8块钱1千克。"狐狸摇摇头说："价格合理，可是我只想买点鱼身。"这可把小猫难住了。

"鱼都是整条卖的，没有分开卖过。如果你把鱼身买走了，鱼头卖给谁呀？"

"我来买，我正想买点鱼头磨磨牙。"一旁的小狼崽大声说。

小猫仍有点迟疑："好是好，可价钱怎么定？"

狐狸与小狼崽一齐答道："鱼身6元1千克，鱼头2元1千克，不正好是8元1千克吗？"

小猫一听，一拍大腿道："好，就这么办！"

三人一齐动手，不一会儿就把鱼头、鱼身分好了：所有的鱼身共20千克，正好120元；所有的鱼头共5千克，正好10元。狐狸和小狼崽提着鱼，飞快地跑到林子里，把鱼头、鱼身配好，重新平分了。

小猫在回家的路上，边走边想："我25千克鱼按8元1千克应卖200元，可我怎么现在只卖了130元……"

你知道，小猫错在哪里了呢？

请你根据图中数字的变化规律，推算出五角星上所缺的数。

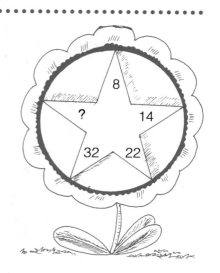

8
?   14
32   22

其实，鱼头和鱼身都是鱼的一部分，全都应该按8元1千克卖才对。

答案

应填44，因为从8开始，沿顺时针方向，相邻两数依次增加6、8、10、12。

数学小故事

李善兰是近代史上著名的数学家，他从小就喜欢数学，而且勤于思考，常把身边的事物和数学联系起来。

有一天，李善兰随父亲到海宁城里一位大绅士家做客，看到墙上挂着一幅《百鸟归巢》图。这幅画的作者是当时很有名的花鸟画高手，在他生花妙笔的点染下，使看画的人仿佛闻到了花香、听到了鸟叫。画的右上角还有一首题画诗，这样写道：

一只过了又一只，

三四五六七八只。

凤凰何少雀何多，

啄尽人间千万石。

李善兰看到这首诗后，心中顿然一动。他不仅明白了这首题画诗讽刺现实的含义，而且注意到了画中的数字。题画诗中的数字，好像是诗人的有意安排，除了人所共知的字面意思外，会不会有什么深藏的秘密呢？

回到家里，这首诗还在李善兰的脑子里盘旋着——这些数字到底有什么别的含义呢？当他翻开数学书的时候，恍然大悟，明白了其中的数学奥秘。

那么，你知道这是怎么一回事吗？

考 一 考

请你数一数，这个图形中有多少个长方形？

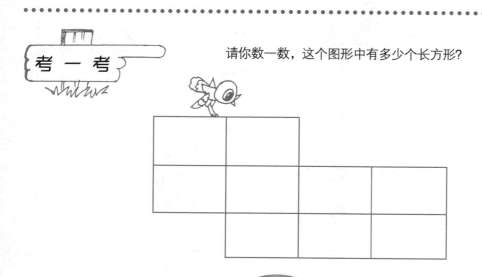

疑
解
难 点

这些数字含有算式:

$1 \times 2 = 2$

$3 \times 4 = 12$

$5 \times 6 = 30$

$7 \times 8 = 56$

$2 + 12 + 30 + 56 = 100$

这就是"百鸟归巢"的秘密。

答 案

共有 27 个长方形。

巧治酒贩子

赵山是个酒贩子，卖酒经常缺斤少两。这天，王小亮考上了大学，他的爸爸很高兴，要请大家喝酒。

王小亮从赵山那里买了 10 箱酒，每箱都有 10 瓶。王小亮的爸爸看着这 10 箱酒说："都说赵山每 10 箱中，常有 1 箱每瓶酒只有 450 克重，你要称称才行。"

"那就一箱箱地取出来称吧！"王小亮说。

"不行！"这时赵山走了过来，说："我只许你用秤称一次，把每瓶不足 500 克的那箱酒找出来。如果找不出来，你要赔我 1 箱酒；如果找出来，我分文不取。"

王小亮想了想说："好，你这 10 箱共 100 瓶酒，每瓶都一样重，对吧？"

"对，你只许称一次！"赵山说。

王小亮点点头，拿起粉笔在 10 个酒箱上，从 0 到 9 编上号。写 0 号的箱子 1 瓶也不拿，写 1 号的箱子拿出 1 瓶，依次类推，写 9 号的箱子拿出 9 瓶。

这样，一共取出了 45 瓶酒。然后，他把这 45 瓶酒一起称了一下，共重 22.15 千克。

这时王小亮指着 7 号箱子说："我可以肯定，这箱子里每瓶酒只重 450 克。"

王小亮说得对吗？你知道其中的道理吗？

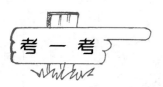

请你根据图中的变化规律，推算出问号处应填入什么数？

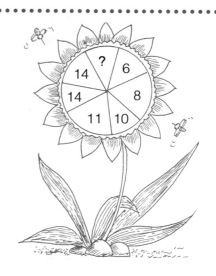

如果 45 瓶酒都是 500 克 1 瓶，应该是 22.5 千克才对。

现在称出来是 22.15 千克，缺了 350 克，说明有 7 瓶只有 450 克。

刚才从 7 号箱中取出 7 瓶同样重量的酒，所以可以推断出一定是

这 7 号箱中的酒不够分量。于是赵山只好免了王小亮所有的酒钱。

答 案

应填 18，因为有

两组数字交替出现，

即从 6 开始，依次增

加 4，从 8 开始，依

次增加 3。从 10 开始

又是增加 4。从 11 开

始增加 3。从 14 开始

增加 4 所得是 18。

老师的年龄

文文和宁宁是两个聪明又有些调皮的学生。

今天是新学期开学的第一天。上课铃声响过之后，一位英俊的新老师走进教室。文文和宁宁开始在下边嘀咕起老师的年龄来。

"老师最多也就二十八岁。"文文说。

"我看老师有三十多岁了。"宁宁说。

由于两人意见不一致，他们争执起来，这引起了新老师的注意。

老师知道他们争吵的原因后，笑着说："想知道我的年龄并不难，宁宁，你把你的年龄写在这个本子上。"宁宁把自己的年龄如实写在本子上交给老师。

老师对文文说："宁宁到我现在这么大时，我已经 39 岁了。当我是宁宁现在这么大时，宁宁刚 3 岁。文文你看一下，宁宁和我的年龄各是多少？"

文文低头算起来。不一会儿，文文说："你今年 27 岁，宁宁 15 岁。"

老师点了点头。你知道文文是怎么算的吗？

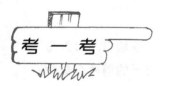

请你根据图中数字的变化规律，推算出问号处应填入什么数？

8	5	3
4	2	2
9	6	?

文文是这样算的：

宁宁：（39-3)÷3+3=15 岁；

老师：39-（39-3)÷3=27 岁。

答 案

8	5	3
4	2	2
9	6	**3**

应填3，因为每
一横行的前两个数相
减，得到后一个数，
如8-5=3，4-2=2，
9-6=3。

加德纳做游戏

美国著名科普作家加德纳在上小学三年级的时候，一次数学课上，老师讲完了书本上的内容，对同学们说："同学们，现在离下课还有一段时间，我们来做一个游戏。"说完，老师从讲桌抽屉里拿出预先准备好的10个塑料杯，一字排在讲桌上。

"这一排是10个塑料杯。"老师介绍说："左边的5只我已经倒满了红色的水，右边的5只空着。只准动4只杯子，要让这10只杯子变成盛红水的杯子和空杯相互交错排列，你们看怎样动？"

同学们两眼瞅着这10只杯子，纷纷用小手轻轻比画着。很快，同学们先后都举起了手。老师让大家集体回答了移动的方法：将第二只与第七只、第四只与第九只相互交换位置，盛红水的杯子和空杯就交错开了。

"现在我把杯子再排成原来的样子。"老师边说边摆，"这次只准动两只杯子，能不能想办法使它们也变成相互交错？"

教室里变得鸦雀无声，同学们静静地动着脑子。

"我有办法了！"突然，加德纳站起来说。

那么，你知道加德纳是怎么办到的吗？

请你根据图中这些数字的变化规律，推算出空格里的数字是多少？

加德纳走到讲台上，拿起第二只杯子，把里面的红水倒进第七只杯子，又拿起第四只杯子，把里面的红水倒进第九只杯子，结果，10只杯子交错开了。

"很好。"老师高兴地说，"你是怎样考虑的？"

"我先用相互移动的方法，但是无论如何也是办不到的。"加德纳说，"只有考虑用别的办法。就想到从盛水的杯里往空杯里倒水。这样，动的是两只杯子，实际上四只杯子都在变动。"

"思考问题就应该这样，"老师开导着同学们，"当断定这条道走不通时，就要立即考虑走另一条道。"

答案

应填4，因为有两列数，沿顺时针方向，一列从4开始，依次增加1，另一列从2开始，依次增加1。

数学小故事

在某一酒吧，有一个女服务员十分喜欢猜谜。一天，她对一位来酒吧喝酒的客人说："你随意翻开一本书，不论哪一页上，心目中选定某一行某一个字，我能把它猜到。页数不拘，但行数及字数，必须在 9 以内。"

客人觉得好奇，便随手翻开手边的杂志。

"好了，"女服务员对那位客人说，"现在你在自己所指定的页数上乘以 10，在所得的答案上再加 25，又加你所指定的那行的行数，加好了之后，在所得的数字上乘以 10。之后，再加你所指定的那个字的数字，即能表示你所指定的那个字在所指定的行中从前往后数排在第几位的这个数字。仔细计算，不要弄错了……那么结果共为多少？"

客人照她的话计算出来之后，答道："共为 11 119。"

"你所指定的字，是 108 页第 6 行的第 9 个字。对不对？"

"对，对，一点不错。"客人惊喜地答道。

那么，你知道她是怎么计算出来的吗？

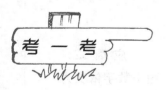

考 一 考

请你根据动物脚上数字的变化规律，推算出尾巴的问号处该填入什么数？

方法是女服务员将客人所得最后结果的数字再减250，由此得到的数字的最后一位为第几字的字数，倒数第二位为行数，所剩的为页数。如：

计算所得数 11 119−250＝10 869，

得数中9为字数，6为行数，108为页数。

应该特别注意的是指定时行数与字数的限制——必须是在第9行、第9个字以内的某行某个字，不能超过，页数则无限制。

其实，这其中还深藏有很多的数学奥秘，有兴趣的小朋友还可以继续探究哦！

答案

应填32，图中数字依次为0、1、2、3、4平方的2倍。

女服务员的工作时间

一天，酒店服务员小张正在为第二天和朋友们出去野餐做准备时，她的同事小刘进来了。

"啊，小张，你真有空闲，明天还能去野餐呢！"

"不，我是把工作时间集中在一起，才挤出休息时间的，这是忙中偷闲哪。前天，我还把上个月工作日的所有工作时间平均起来计算，每个工作日的工作时间平均达 14 小时呢。"

"那么以整个月来计算，你一天的工作时间平均有多少呢？"

"唔，刚好是一天 9 个小时啦。"

那么请问，小张上个月到底工作了多少天？

考 一 考

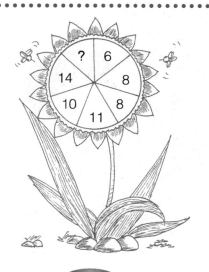

请你根据图中这些数字的变化规律，推算出问号处该填入什么数？

假设小张上个月的工作日为 x 天。

一个月的日数，共有 28、29 天（以上都是二月）、30 天、31 天 4 种。由一天的平均工作时数为 9 小时，可得下列 4 个答案：

$14x=28×9$、$14x=29×9$、$14x=30×9$、$14x=31×9$

其中 x 为整数且能够除尽的为 28 天的那个月份，即二月，答案为 18 天。

答 案

应填 12，有两组数字交替出现，沿顺时针方向，从 6 开始依次加 2，从 8 开始依次加 3。

巧算灯盏

《镜花缘》一书中，有一段妙趣横生的情节：宗伯府的女主人卞宝云邀请才女们到府中的小鳌山观灯。

当众才女在一片音乐声中来到小鳌山时，只见楼上楼下挂满灯球，各种花样的灯球五彩缤纷，光华灿烂，犹如繁星，接连不断，高低错落，竟难辨其多少。

卞宝云请才女米兰芬算一算楼上楼下大大小小灯盏的数目。她告诉米兰芬，楼上的灯有两种，一种上做3个大球，下缀6个小球；另一种上做3个大球，下缀18个小球。大灯球396个，小灯球共1 440个。楼下的灯也分两种：一种1个大球，下缀2个小球；另一种是1个大球，下缀4个小球。大灯球共360个，小灯球共1 200个。米兰芬低头沉思了片刻，把楼上楼下的灯盏数全部算了出来。

请解一解，1大4小的灯共几盏？1大2小的灯共几盏？缀18个小灯球的灯共几盏？下缀6个小球的灯共几盏？

考 一 考

请你根据左图中数字变化的规律，推算出右图问号处该填入什么数？

米兰芬先算楼下：将小灯球1 200折半，得600，再减去大灯球360，得240，这是1大4小灯球的灯有240盏。然后用360减去240，得120，这便是另一种灯，即1大2小灯球的灯有120盏。再算楼上：先将1 440折半为720，将大灯球396减去，余324，再除以6，得54。这是缀18个小灯球的灯共54盏，然后用3去乘54，得162，再用396减162，得234，再除以3，得78，这就是下缀6个小球的灯的数量。

答案

应填3。上举手臂的数减去下落手臂的数得头部的数。

吝啬的老板

一个老板，吝啬成性，因此他的职员也就鼓不起干劲，旷工的人一天天增多。

老板看这形势已严重影响了生产，便想出一个办法。一天，他对全体职员宣称："从今天起，我们实行奖励办法，对努力生产的职员，每天加发奖金50元。但有一个附带条件，如果旷工一天，必须扣罚金70元。"

刚开始的那段时间里，大家都很勤快，做一天领一天的奖金，可谓皆大欢喜。但没过多久，有的员工因得了奖金就开始喝酒赌博，完全忘记了老板的附带条件。

结果，在某一个月24天（星期六半天）的实际劳动日数中，有位职工的奖金恰与罚金相抵，也就是说，老板可以不必付出一文的奖金，却得了好些天的生产。

那么请问，该职工在这月的24天内，到底努力做了几天，旷工了几天呢？

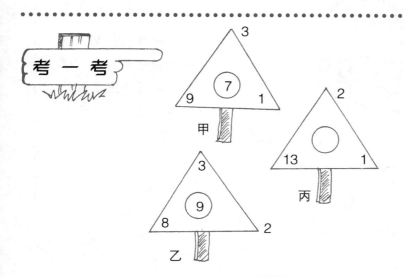

请你根据甲、乙两个三角形中数字变化的规律，推算出丙三角形中问号处应填入什么数？小朋友，好好想想吧！

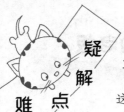

这位职工的工作情况如下：

首先，他在这个月内努力做了 14 天，领得 700 元的奖金，后来 10 天，在花天酒地中过去，被罚了 700 元，两款相抵为零，老板就一分钱也不用支付。

答案

应填 12。将三角形内两个角的数字相加，再减去三角形外的数，便得到圆圈中的数字。

粗心的钟表师傅

数学小故事

下午，老张家的一只时钟的针不小心被折断了。

一位钟表师傅到老张家调换了针，这时正好是 6 点，他就将长针拨到 12，短针拨到 6。

这位钟表师傅回到商店里，刚要吃饭，老张就急急忙忙地赶来。

"你刚才修的钟还是有毛病，麻烦你再到我家看看。"

等钟表师傅吃好晚饭，再一次来到老张家里时，已是 8 点多了。他看了看钟，又对了对表，不禁眉头一皱：

"你看，八点十分刚过，您的钟一分不差！"

老张一看，奇怪！现在钟的确走得很准。

第二天早晨，老张又找到了这位钟表师傅，当然还是因为钟有毛病！可当钟表师傅第三次来到老张家里，拿出表来一对，七点多一点，不是挺准的嘛！这时，老张请这位钟表师傅坐下来，喝杯茶。一会儿，钟表师傅就发现这只钟果然有毛病。你知道是什么毛病吗？

考 一 考

请你将此图剪两刀，然后拼成一个正方形。

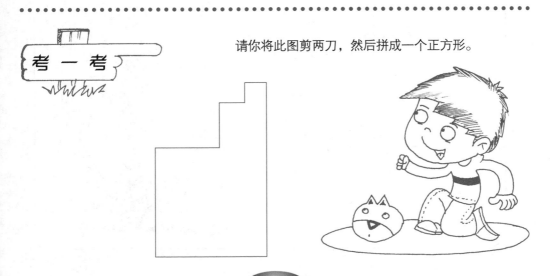

这只钟的毛病是将时针和分针装反了，时针装在了分针轴上，而分针却装到了时针轴上。那么，为什么钟表师傅几次来看时，钟却是准的呢？

钟表师傅第一次将钟拨到6点整，当他第二次来到老张家时，时间是8点10分。这时时针已走了2圈还多10分，所以到了超过8点一些的地方，而分针应从12点走到2点超过一些的地方，所以钟上所指的时间是对的。

第二天早晨7点多时，时针已走了13圈多一些，应指到7点，而分针从12点走了一圈以后又走到1点。所以在这时，7点过5分也是对的。

当然，这两个时刻都是巧合，只要过几分钟，这两根针装反了的毛病就可以很容易地被发现了。

答案

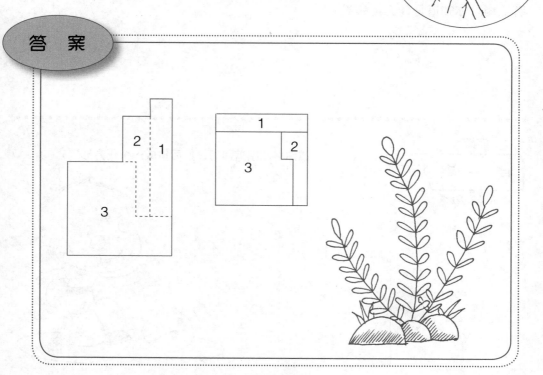

对开的邮车

每天有两辆邮车一起从波若尼城出发驶往勃拉萧佛城；与此同时，也有两辆邮车一起从勃拉萧佛城沿同一条公路驶往波若尼城。

假定两城间的行程需要 10 天，而且每辆邮车都以相同的速度在整个行程匀速行驶，那么坐在某一辆由波若尼城驶往勃拉萧佛城的邮车上的人，从出发时算起到抵达勃拉萧佛城之前，会碰到多少辆从勃拉萧佛城开往波若尼城的邮车？

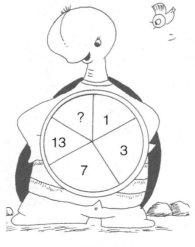

请你根据图中数字变化规律，推算出问号处该填入什么数？

看了题目之后,有的读者可能会脱口而出:"这还不简单!每天有两辆邮车一起从勃拉萧佛城开出,10天就是20辆邮车。"哈,你这样考虑就错啦!要知道,除了这一个10天(以所乘邮车出发那天作为第一天开始往后算的10天)出发的,还有在过去的10天里出发的,由波若尼城出发的邮车在刚出发时正好遇到2辆10天前从勃拉萧佛城驶来的邮车,而经过10天在抵达勃拉萧佛城之前的路上又遇到19批计38辆邮车,因此从出发时算起,在抵达勃拉萧佛城之前10天里共会遇到40辆从勃拉萧佛城开往波若尼城的邮车。

答 案

应填21。因为从数字1开始按顺时针方向,相邻两数依次增加2、4、6、8。

数学小故事

这是中国古代算书《算法统宗》中的一道题。

牧羊人赶着一群羊去寻找草长得茂盛的地方放牧，有一个过路人牵着一肥羊在后面跟了上来。他对牧羊人："你好，牧羊人！你赶的这群羊大概有一百只吧？"牧羊人答道："如果这一群羊加上一倍，再加上原来这群羊的一半，又加上原来这群羊的1/4，连你牵着的这只肥羊也算进去，才刚好凑满一百只。"你知道牧羊人放牧的这群羊一共有多少只吗？

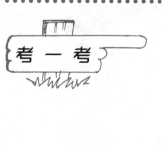

考 一 考

?	4
19	5
11	7

请你找出图中这些数字的变化规律，推算出问号处该填入什么数？

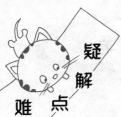

看清了题意以后，这道题的解法很简单。设这群羊共有 x 只，根据题意可得：

$$x+x+(x/2)+(x/4)+1=100$$

解这个方程得：$x=36$（只）。

答 案

应填35。因为从4开始，沿顺时针方向，数列依次增加1、2、4、8、16。

有趣的遗嘱

有一个老人，他的财产只有 17 头羊，为了让三个儿子和睦相处，老人去世后在遗嘱中要求将 17 只羊按比例分给三个儿子，大儿子分给二分之一，二儿子分给三分之一，三儿子分给九分之一，在分羊时不许宰杀羊。

看完父亲的遗嘱，三个儿子犯了愁，17 是个质数，它既不能被 2 整除，也不能被 3 和 9 整除，又不许杀羊来分，这可怎么办？

聪明的邻居得知这个消息后，牵着一只羊跑来帮忙，邻居说："我借给你们一只羊，这样 18 只羊就好分了。"

老大分 $18 \times 1/2 = 9$（只）

老二分 $18 \times 1/3 = 6$（只）

老三分 $18 \times 1/9 = 2$（只）

合在一起是 $9 + 6 + 2 = 17$，正好 17 只羊，还剩下 1 只羊，邻居把它牵回去了。

你知道是怎么分的吗？

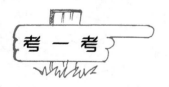

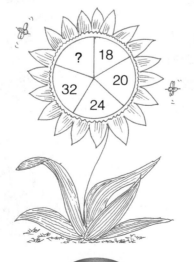

请你根据图中这些数字的变化规律，推算出问号处应该填入什么数？

如果把老人留的羊作为整体 1 的话，由于 1/2+1/3+1/9=17/18。

所以三个儿子无法把羊全部分完，还留下 1/18，哪个儿子也没给；或者是要比他所留下的羊再分出一只时，才可以分，聪明的邻居就是根据 17/18 这个分数，又领来一只羊，凑成 18/18，分去 17/18，还剩下 1/18 只羊，就是他自己的那只羊。

答案

应填 48。因为从 18 开始，沿着顺时针方向，相邻两数之差分别为 2、4、8、16。

48 18
32 20
24

春 游

数学小故事

某班级有 70 个人，一次要出游，老师对采购员说："一半男同学每人需干粮 2.5 千克，另一半男同学每人需干粮 1 千克；一半女同学需干粮 2 千克斤，另一半女同学需干粮 1.5 千克。"

小朋友，你知道采购员该买多少干粮吗？

考 一 考

请你将这个图形剪一刀，然后拼成一个正方形。你能行吗？

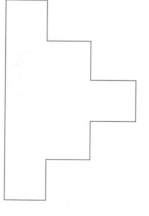

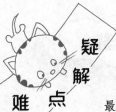

最关键是要看清"一半"与"另一半",即每个男女同学的平均量相等。

根据题意,男同学平均每人需干粮 1.75 千克,女同学需干粮 1.75 千克,那么,无论男女各有多少个人,他们需要的干粮千克数应该是:

1.75×70=122.5(千克)

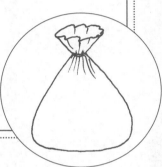

答 案

如图所示。

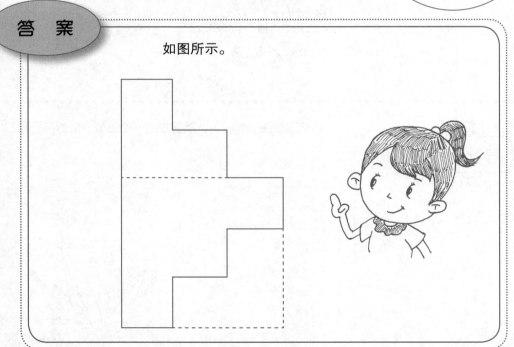

四兄弟

这一家屋里有兄弟4人，他们的年龄数相乘，所得的积是14。

请问，这兄弟4人分别是几岁？

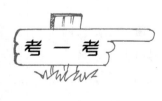

考一考

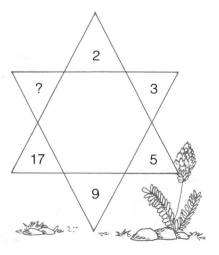

请你根据图中数字变化的规律，推算出问号处应填入什么数？

045

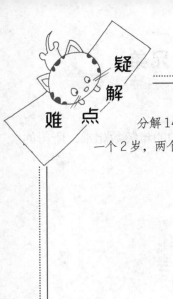

分解14可有两种乘法可能：$7×2＝14$ 或 $14×1＝14$，则一个7岁，一个2岁，两个1岁；或一个14岁，3个1岁。

答案

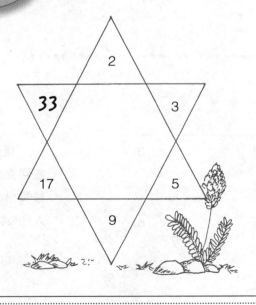

应填33。从2开始，按顺时针方向，将前一个数乘以2再减1，便得到下一个数。

果汁重

丁丁有一瓶果汁，果汁和瓶一共重 3 千克，他喝掉了一半果汁后，连瓶共重 2 千克。

请问，瓶内原有几千克果汁？空瓶重几千克？

考 一 考

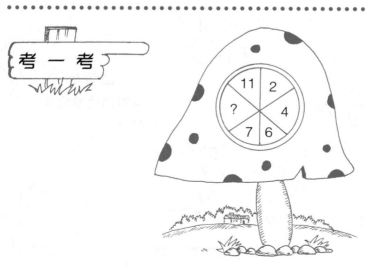

圆圈中这些数字，都有着特殊的联系，请你好好想一下，推算出问号处该填入什么数？

喝掉一半果汁后，重量从 3 千克变为了 2 千克，所以一半果汁重 3-2 = 1（千克），则全部果汁有 1+1 = 2（千克）；所以空瓶重 3-2=1（千克）。

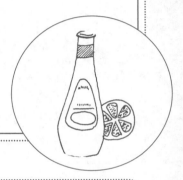

答 案

11	2
9	4
7	6

应填 9。因为对角两数之差都为 5。

水果店

数学小故事

有条街称为水果一条街，全是卖水果的，卖桃子的有32家，卖杏子的有46家。既卖桃子又卖杏子的有20家，剩下的12家不卖桃子也不卖杏子。

请问，这儿一共有多少家水果店？

请你根据图中数字变化的规律，推算出问号处应填入什么数？

卖桃子和卖杏子的两项统计，都包括了既卖桃子又卖杏子的，所以有20家被重复统计了。

计算应为：32+46-20+12=70（家）。

答 案

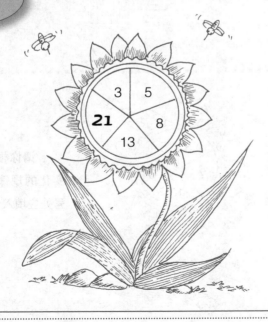

应填21。因为从3开始，沿顺时针方向，前后两个数相加，便会得到下一个数，如：3+5=8，5+8=13……

鸡牛之数

某人来到一农夫家，看见农夫家养了许多鸡和牛，他想知道农夫养了多少头牛和多少只鸡。农夫告诉他，鸡、牛的脚共有98只，头则只有33个。

请问，这农夫养了多少只鸡？又养了多少头牛？

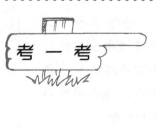

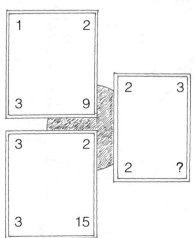

左侧两个框中的四个数字是按规律排列的，请你据此推算出第三个框中的右下角该填入什么数？

33个头，先每个头配2只脚，则有33×2＝66（只）脚；但共有98只脚，所以多出的脚全是牛的，即牛有（98-66）÷2＝16（头），鸡则有33-16＝17（只）。

2	3
2	10

应填10。因为各方块中上方两数相加再乘以左下角的数，便会得到右下角的数。

买饮料

数学小故事

豪豪家来了客人，豪豪下楼去买饮料，他带的钱买 3 瓶饮料还差 3 角钱，买 2 瓶饮料还可以剩 1 元钱。

你知道豪豪带了多少钱？饮料卖多少钱一瓶呢？

考 一 考

只能在这个图形上剪一刀，然后把它拼成一个长方形，你能行吗？

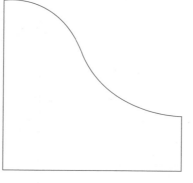

因为买 3 瓶饮料差 3 角钱，而买 2 瓶又多了 1 元钱，说明多买 1 瓶的差价是 1 元 3 角，这正是一瓶饮料的钱。豪豪带的钱是 1.3×3-0.3=3.6（元）。

豪豪带了 3.6 元钱，一瓶饮料价格为 1.3 元。

答 案

如图所示。

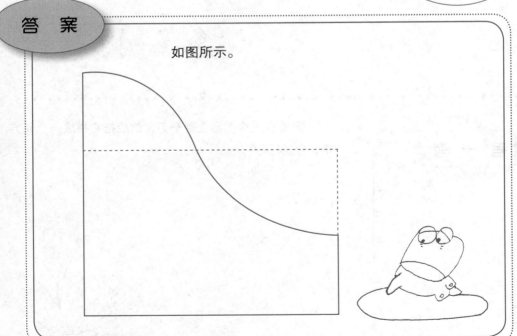

分香蕉

数学小故事

果果是动物园的饲养员。这天他提了一篮子香蕉，他打算分给几只猴子吃，如果一只猴分一根，便多出一根；如果一只猴子分两根，又少了两根。

请问，这儿有几只猴子？几根香蕉？

考 一 考

请你仔细瞧瞧，找出图中数学变化的规律，然后推算出空格处应填入什么数？

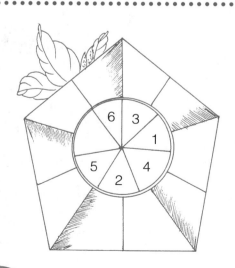

055

当每只猴子分1根的时候，多出了1根香蕉，这时若把这多出的1根再拿给其中一只猴子，则就有1只猴子满足了分2根香蕉的情况，此时已没有香蕉再分给其余猴子了。根据题中说此时还差2根才能满足每只猴子2根香蕉的情况，而之前每只猴子已分了1根香蕉，各差1根，所以得知还有2只猴子各差1根香蕉，所以共有3只猴子，4根香蕉。

答 案

空格处应填3。从3开始沿顺时针方向，相邻两数之差依次为2、3、2、3、2、3到6为止。

登山坡

小兔子这天打算登上 1 米高的山坡，它一次可以跳跃 30 厘米，但是，小兔子跳跃一次就要睡上 3 小时。

那么请问，几小时小兔子才能登上坡顶呢？

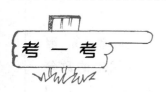

请你根据图中的数字变化规律，推算出空格中该填入什么数?

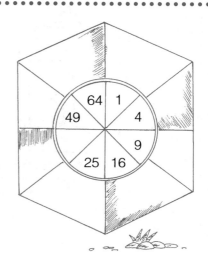

小兔子整个过程会睡上 3 次，
所以小兔子所需要时间为 3×3=9（时）。

答 案

应填 36。因为圆圈中的数分别为 5、6、7、8 的平方。

到校时间

数学小故事

雷雷从家到学校全程 1/4 路程的地方，有一个岗亭，亭里有一只钟，又在全程 1/3 处有个小食店，店里也有只挂钟。他每天走到岗亭时都是 7 点 30 分，走到小食店时是 8 点差 25 分。

那么，你知道雷雷每天早上是什么时候到达学校的呢?

考 一 考

2	5	14
		41
		?

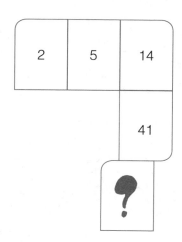

请你仔细瞧瞧左图这些数字有什么变化规律，并想想问号处应填入什么数?

从岗亭到小食堂的距离是雷雷要走的全程的 1/3-1/4=1/12，这段距离走了 35 分钟，所以全程需要走 12×5=60（分），由此得出：1/4 的路程应走 60÷4=15（分），故得出离家时为 7 点 15 分，到校时间是 8 点 15 分。

答 案

问号处应填 122。因为后一个数是前一个数的 3 倍减 1，如 5=2×3-1，14=5×3-1，41=14×3-1。

彩 纸

果果有一张正方形边长为 40 厘米的彩色纸。他先把彩纸二等分成 2 个长方形，接着再四等分成 4 个长方形。这时果果说每张彩纸长度和原来正方形的边长一样，请问你知道他是怎样分的吗?

考 一 考

请你根据第一列火车上数字变化的规律，推算出第二列火车问号处的数字。

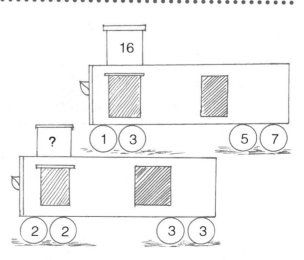

要每张彩纸还是长 40 厘米，他是将彩纸裁剪成了 8 张 40 厘米长的纸条。

答　案

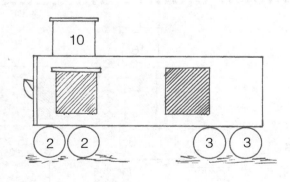

应填 10。第一列火车车轮上的数字之和等于烟囱上的数字。

采果子

丁丁家种了许多果树，不管天晴下雨，丁丁几乎每天都要到山上去采果子。遇上晴天，丁丁每天可采 20 个，如果是雨天，每天只能采 12 个。

有一次，他一连采了几天，共采果子 112 个，平均每天采 14 个。那么请问，在这几天中，丁丁遇上了几个雨天？

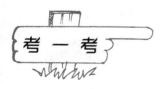

这是一个正方形。请你用巧妙的方法算出阴影部分是正方形的几分之几？

共采果子 112 个，每天采 14 个，则丁丁一共采了 112÷14＝8（天）；若全是晴天，采 8 天应可采 8×20＝160（个）；但丁丁只采了 112 个，则少采了 160−112＝48（个）；因为雨天每天只能采 12 个，比晴天每天少采 8 个，所以 48÷8＝6（天）。即：有 6 天是雨天。

答 案

应为 7/16

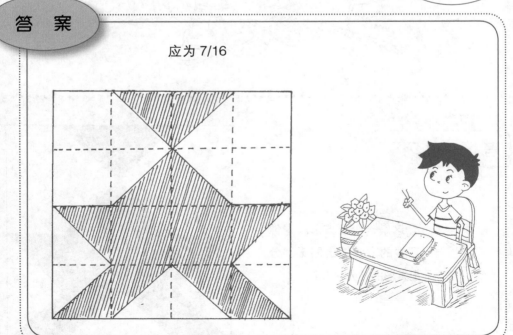

数学小故事

可可放学回到家要上 8 楼，不巧，电梯坏了。他从 1 楼步行到 4 楼用了 48 秒。如果用同样的速度到 8 楼，可可还要花多少时间呢？

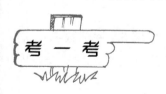

考 一 考

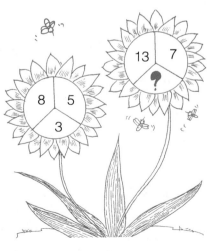

请你根据左边花朵中数字的变化规律，推算出右边花朵中所缺的数。

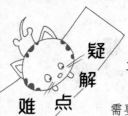

疑解
难点

需要 64 秒。

　　因为 1 楼到 4 楼只有 3 层楼梯，从 4 楼到 8 楼却有 4 层楼梯，每 1 层楼梯用 16 秒，4 层共用 64 秒。

答案

13　7
6

应填 6。底部数字等于顶部两数之差。

礼 盒

数学小故事

果果生日收到了一个大礼盒，大礼盒中有三个中礼盒，每个中礼盒中又有三个小礼盒。

那么，你知道果果一共收到了多少个礼盒呢？

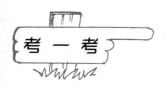

这是一栋智能小屋，门窗上的个数必须与左图数字规律相同才能打开。现在如果想打开门，必须在门上键入 A、B、C 中的哪一个数?

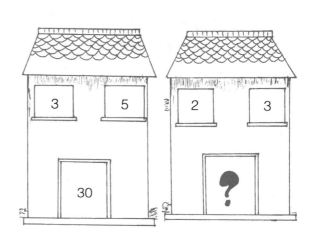

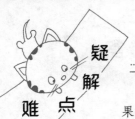

疑解
难点

果果共收到 13 个礼盒。

注意，加上大、中礼盒。

答案

应键入 12。门上
的数是两个窗户上数
乘积的两倍。

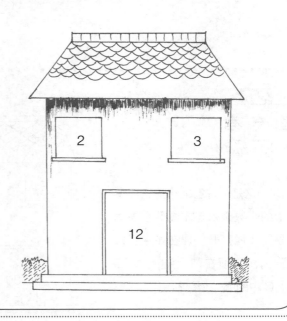

数学小故事

　　贝贝、洋洋和丽丽都是一个班的同学，他们的学号正好相连，加起来的和为48。

你知道他们3人的学号分别是多少吗?

考一考

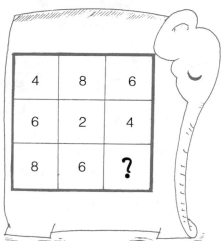

4	8	6
6	2	4
8	6	?

　　请你找出图中的数字变化规律，并推算出问号处该填入什么数?

这是个平均数问题。48÷3=16，即中间学号为16号，则一前一后两学号分别为15和17，所以三人学号分别为15、16、17。

答案

应填入7。

应填7。因为每行前两个数之和的一半，即为第三个数。

几个运动员

数学小故事

雷雷参加了一次赛跑，前后与各个参赛的运动员握了两次手，共握 30 次。请问共有多少个运动员参加赛跑？

考 一 考
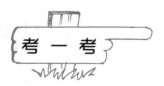

这是一个正方形。你能巧妙地算出黑色部分是正方形的几分之几吗？

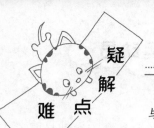

疑
解
难 点

与他握手 30 次，每人两次。

即 30÷2=15（人）

加上他自己共 16 人。

答 案

应为 5/8，如图所示。

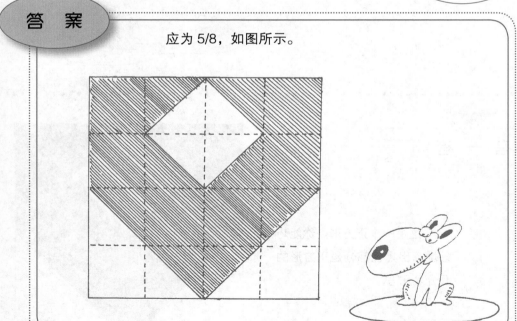

哪样多

洋洋有一杯牛奶，他先喝了半杯，然后加满水，又喝了半杯，再加满水，最后全部喝完。

请问，洋洋喝的水和牛奶哪样多？

请你找一找这些数字有什么变化规律，问号处该填上什么数字？

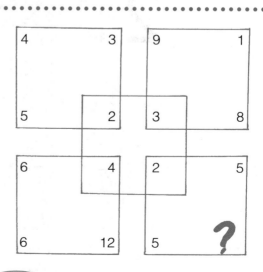

4	3	9	1
5	2	3	8
6	4	2	5
6	12	5	?

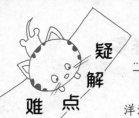
洋洋共加了两次半杯水,正好与牛奶一样多。

答　案

应填2。因为在每个正方形中,外面三个角上的数字之和除以中间角上的数字,所得结果都是6。

搬青虫

数学小故事

有一只蚂蚁想搬走一条青虫，可是搬不动，它回去叫来了 10 只蚂蚁，还是搬不动，每只蚂蚁又回去各叫来 10 只蚂蚁，还是搬不动，每只蚂蚁又回去各叫来 10 只蚂蚁，这才搬走了大青虫。

请你算算，现在共有多少只蚂蚁？

考 一 考

现在，正方每边都有 4 个圆点，请你重新安排图中的 12 个圆点，使正方形的每个边都有 5 个圆点。你能行吗？

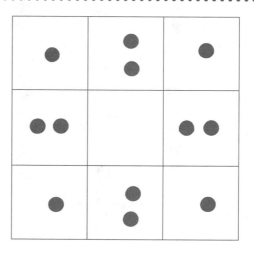

075

疑解难点

第一只蚂蚁回洞叫来10只，共有11只。

11只蚂蚁回洞各叫来10只，共是10×11+11=121（只）。

121只蚂蚁又回洞和叫来10只，共是121×10+121=1331（只）。

答案

如图所示。

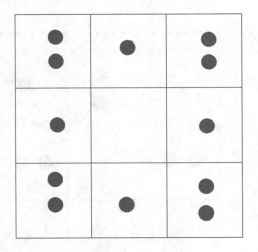

数学小故事

妈妈买了 100 个苹果，要求胖胖把这 100 个苹果放在 6 个篮子里，而且每只篮子里放的苹果数中都有 6。胖胖想了想，不一会儿就放好了。

你知道胖胖是怎么放的吗？

考一考

在这个正方形中每边排列都有 8 个圆，现在拿走 2 个圆，仍使每边的总数是 8 个圆。该怎么排？

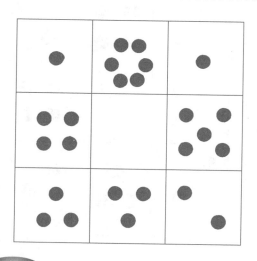

6只篮子里分别放：60只、16只、6只、6只、6只、6只，合起来共100只。

只有5×6个位数才为0，所以有一篮子应放60，剩下的40就好分了。

答案

如图所示。

数学小故事

乔乔养了几只小彩龟、几只金龟子和几条金鱼。这些小动物共有 10 个头 42 条腿。那么你知道分别有多少只小彩龟、金龟子和金鱼吗?

考一考

不同的图形代表不同的数字,请你把图形换成数字,组成等式。

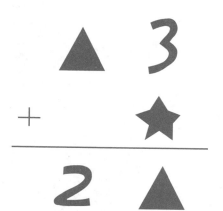

共有 3 只彩龟、5 只金龟子和两条金鱼。

注意，根据金龟子有 6 条腿，小彩龟有 4 条腿，金鱼有 0 条腿，再解题。

答案

```
    1 3
  +   8
  ─────
    2 1
```

从算式看出，三角形是 1。3 加上什么数的和才能出现 1 呢？这个数是 8，所以五角星是 8。即：13+8 = 21。

手表的时间

数学小故事

可可同时打开两只手表，后来发现有一只手表每小时要慢 2 分钟，而另一只手表每小时要快 1 分钟。再次看表时，发现走得快的那一只表要比走得慢的那只表整整超前了 1 小时。

请问，手表已走了多少时间？

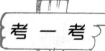

这是一个正方形，请你推算出阴影部分是正方形的几分之几？

手表走了 20 小时。

一只手表比另一只手表每小时快 3 分钟，所以经过 20 小时之后，它们的时差为 1 小时。

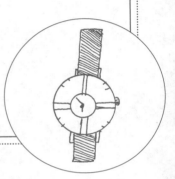

答 案

应为 5/8。

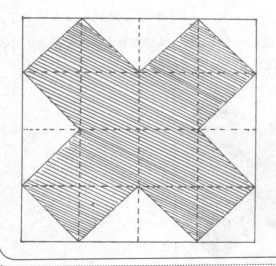

可乐多少钱

这是一个星期天，果果和毛毛相约到公园里去玩，他俩想买一瓶可乐喝，果果差 1 元钱，毛毛差 1 分钱。他俩又把钱合起来准备去买，可钱还是不够。

请问，一瓶可乐多少钱？

我在用电脑计算！

考一考

不同的图形代表不同的数字，请你把图形换成数字，组成等式。

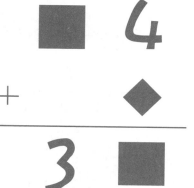

疑解

难点

1瓶可乐1块钱。显然，果果没有钱，毛毛有9角9分钱。

本题可用解方程的方法解题，注意设未知数。

答案

从算式看出，正方形是
2。4与什么数的和才能出现2
呢？这个数是8，所以菱形是
8。即：24+8=32。

$$
\begin{array}{r}
2\ 4 \\
+\ \ \ 8 \\
\hline
3\ 2
\end{array}
$$

多少岁

数学小故事

可可的年龄是贝贝的年龄的 5 倍，妈妈的岁数是可可的 5 倍，爸爸的年龄为妈妈的 2 倍，若把爸爸、妈妈、可可及贝贝的年龄加到一起，正好是奶奶的年龄，今天奶奶正要过 81 岁的生日。

请问，可可有几岁了？

图中只有两个数字，其他 4 个数字是用图形代替的。请你用相应的数字把图形替换掉，组成合理的等式。

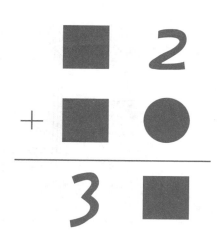

可可的年龄是5岁。

可以把可可、妈妈、爸爸的年龄都用贝贝来表示，根据已知可得到奶奶年龄刚好为贝贝的81倍，所以贝贝为1岁，可可为5岁。

答 案

$$\begin{array}{r} 1\ 2 \\ +\ 1\ 9 \\ \hline 3\ 1 \end{array}$$

由于十位数的两个正方形相加等于3，知：正方形代表数字1，个位数2和圆形相加有进位1；由个位数的2和圆形相加的和的尾数是1，知：圆形代表数字9。即：12+9=31。

数学小故事

放假了，毛毛跟着妈妈到沙漠去旅游了一次。他说，他这次去沙漠看见一群骆驼，共有 23 个驼峰，60 只脚。请问单、双峰骆驼各有多少只?

考 一 考

正方形和三角形分别代表什么数字，这个算式才能成立?

单峰骆驼 7 只，双峰骆驼 8 只。

因为共有 60 只脚，而每只骆驼有 4 只脚，说明有 15 只骆驼。

23 减 15 就是双峰骆驼的只数。

答案

由两个三角形相加等于正方形，得出，正方形是偶数。这个数小于 3，所以正方形是 2。只有两个 6 相加，和的个数才能是 2，所以三角形是 6。即 26+6=32。

数学小故事

游泳池里，一些小朋友正在游泳，男孩戴着的是清一色蓝色游泳帽，女孩戴清一色的红色游泳帽，有趣的是，在每一个男孩看来，蓝色游泳帽与红色游泳帽一样多，而在每一个女孩看来，蓝色的游泳帽比红色的游泳帽多一倍。

请问，男孩和女孩各有多少？

把 1、2、3 填入空圈里，组成等式，你能行吗？

$$\begin{array}{ccccc}
\boxed{3} & - & \boxed{2} & = & \boxed{1} \\
+ & & + & & + \\
\bigcirc & - & \bigcirc & = & \bigcirc \\
\hline
\boxed{6} & - & \boxed{3} & = & \boxed{3}
\end{array}$$

疑解难点

因为每个人看不到自己头上的帽子。所以男孩有 4 个，女孩有 3 个。

答案

如图所示。

$$3 - 2 = 1$$
$$+ \quad + \quad +$$
$$3 - 1 = 2$$

$$6 - 3 = 3$$

池塘莲花

可可家门前有一个池塘，池塘里的莲花每天长大一倍，15 天就长了半个池塘，那么多少天能长满整个池塘呢？

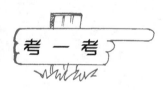

考一考

在这个大方块里，有 16 个小方块，在每个小方块中，将 1、2、3、4 一直到 16 填进去，填进去的要求是：在填好之后，每一行的和都应是 34，现在这里已填进去了一部分数，请你将剩下的数字填进去。

1		14	
	6		9
8			2
	3	5	

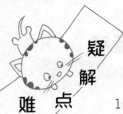

16 天。

因为池塘的莲花每天长大一倍，所以在长满池塘的前一天是半池塘，15 天长满半个池塘，还需用 1 天就可以长满整个池塘。15 天加 1 天，就是 16 天。

答案

如图所示。

1	12	14	7
15	6	4	9
8	13	11	2
10	3	5	16

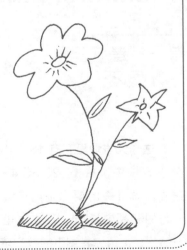

打水

贝贝的家住在离河边不远的地方，这天贝贝到河边去打水，他带的两个容器没有任何测量刻度，但是知道这两个容器的容量分别为 3 升和 5 升。

那么，如何只用这两个容器，使他能打回恰好 4 公升的水呢？

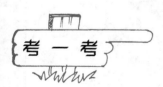

请你把 1、2、3、4、5、6、7、8、9 填入空圈里，组成三个等式。你能办到吗？

$$\bigcirc \times \bigcirc = \bigcirc$$

$$\bigcirc - \bigcirc = \bigcirc$$

$$\bigcirc + \bigcirc = \bigcirc$$

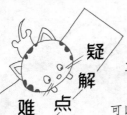

可以采用以下步骤：

1. 把大容器的水装满，小容器倒空。

2. 用大容器的水装满小容器，这时大容器剩有2升水，小容器中装有3升水。

3. 倒空小容器，大容器中装有2升水。

4. 把大容器中的2升水全部倒入小容器中。

5. 小容器中保持有2升水，并再把大容器装满水。

6. 用大容器中的水把小容器装满，这时小容器中就装有3升水，大容器中装有4升水。这正是所需要的。

答案

如图所示。

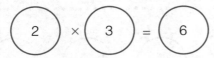

$2 \times 3 = 6$

$8 - 7 = 1$

$5 + 4 = 9$

吃巧克力

洋洋带了一盒巧克力到学校，这盒巧克力共有 72 块。洋洋与另 5 个小朋友每分钟各吃两块。

请问，这 6 个小朋友用多长时间吃完？

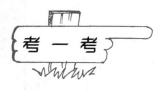
考一考

请你把 1、2、3、4、5 填进这道题的括号里，组成等式。你行吗？

（　　）＋（　　）＋（　　）＝（　　）（　　）

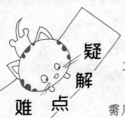

疑解
难点

需用6分钟吃完。

每分钟能吃掉6×2=12（块），则总共需要6分钟，即

$72 \div 12 = 6$（分）。

答案

如图所示。

（3）+（4）+（5）=（1）（2）

妈妈让贝贝去买东西，贝贝匆忙拿起桌上装钱的信封，见上面写着一个 98，他就把钱拿出来，也不数，往兜里一塞就上街了。

贝贝买了 90 元钱的东西，可他准备付钱时却发现少了 4 元钱，回家后他把此事告诉了妈妈。妈妈一笑说，钱是对的，是贝贝自己搞错了。你知道贝贝错在哪儿吗？

请你在下面的算式中填入同一个数字，组成等式。

( )×( )－( )÷( )＝3

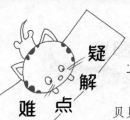

疑 解
难 点

贝贝把数字看倒了，将86看成了98。

（2）×（2）-（2）÷（2）=3

找零钱

果果上街买钢笔用了 9 元钱，可果果身上只有一张 10 元和几张 2 元的钱。他给服务员 10 元钱需要找回 1 元钱，可服务员手里全是 5 元钞票，钱找不开。你有办法找开吗？

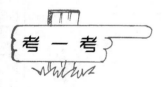

请你把 2、7、12、13 这四个数填在左图中的空格里，使这个方阵的每一竖行、横行、斜行上的四个数字之和都相等，你办得到吗？

16	3	10	5
1			14
8			11
9	6	15	4

疑
解
难 点

果果给服务员 1 张 10 元的和 2 张 2 元的钱，服务员找给果果 1 张 5 元的就可以了，即 14−5=9（元）。

答 案

如图所示。

16	3	10	5
1	**12**	**7**	14
8	**13**	**2**	11
9	6	15	4

摘桃子

　　姐姐和弟弟到果园摘桃子，回到家，妈妈问他们各摘了多少个桃子。

弟弟说："如果把姐姐摘的桃子给我10个，我俩的桃子就一样多。"

姐姐说："如果弟弟给我10个，我的桃子就是他的2倍。"

那么请问，他们各摘了多少个桃子？

请你在等号左边填上各种数学运算符号，使等式成立。

5 4 3 2 1 = 1

5 4 3 2 1 = 1

5 4 3 2 1 = 1

5 4 3 2 1 = 1

弟弟摘 50 个，姐姐摘了 70 个。

$50+10=70-10$

$50-10=(70+10)\div 2$

答案

如下所示：

$5-4+3-2-1=1$

$(5+4)\div 3-2\div 1=1$

$(5+4)\div 3-2\times 1=1$

$(5-4)\times(3-2)\times 1=1$

截木头

一天，明明把一根木头截成两段用了 2 分钟的时间，那么，他要把木头截成 7 段，需要几分钟呢？

考 一 考

在这个算式里，正方形和三角形各应代表什么数字呢？

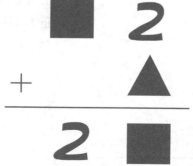

一根木头截成7段共需12分钟。

因为一段木头截成7段，只需6刀。

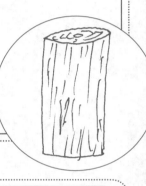

答　案

只有2和9相加，和的个位数才能是1，所以从算式里可以看出，三角形代表数字9，2和9相加等于11，正方形加上进位1等于2，得出，正方形代表数字1。即：12+9=21。

挖 坑

一条人行道计划种 7 棵树，每隔 2 米种一棵，现已挖好 7 个坑，可发现树苗不够，只能每隔 3 米种一棵。这样一来，就要重新挖坑了，为了少浪费劳动力，原来挖的坑哪些可保留？还需要挖几个坑？

考 一 考

在图形方格中，自左而右，自上而下，空格中填入恰当的数字，使直行与横行的运算所得数相符，不可用填"0"。

3	+		−		=3
−		+			
	+		+		=5
+		−			
	−		+		=1
=4		=2		=3	

先要找出总长，为 12 米，原来的坑可保留 3 个，即两头和正中间的坑，还需挖 2 个坑。

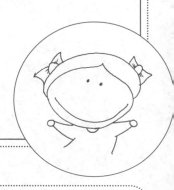

答案

如图所示。

3	+	2	−	2 =3
−		+		
1	+	2	+	2 =5
+		−		
2	−	2	+	1 =1
=4		=2		=3

油桶的油

一只空铁桶，它可以装 50 千克油。上午装进去 10 千克油，下午又领走 5 千克油。请问，这只油桶什么时候装得满?

请你把四个 1，两个 8，两个 9 填入空格里，组成四个等式。你能办到吗?

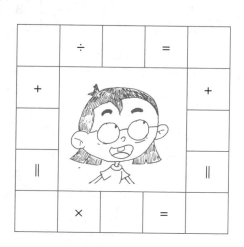

107

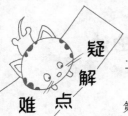

第九天清晨装满了。到第八天桶里可存40千克油，第九天清晨就装满了。

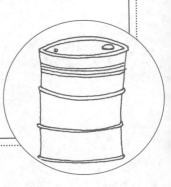

答案

如图所示。

8	÷	1	=	8
+				+
1				1
‖				‖
9	×	1	=	9

开往城里的列车

宁宁坐在由城里开往郊区的火车上，他发现每隔 5 分钟就有一辆开回来的列车相对而过。

请问，如果两面对开的列车速度一样，那么在 1 小时中有多少列火车开到城里呢？

这是一道数学题，但它是错的。请你移动 1 根火柴，使等式两边成立。你会吗？

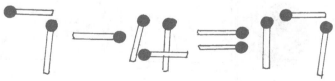

109

列车是在前进中，如果从第一辆对开的列车相遇到与第二辆对开的列车相遇相隔 5 分钟的话，那么第二辆对开列车要到达与第一辆对开列车相遇的地方还有 5 分钟路程，这样算来，驶向城里的列车之间的时间间隔应该是 10 分钟，一小时中相遇列车尽管有 12 列，开到城里的列车则只有 6 列。

答 案

如图所示。

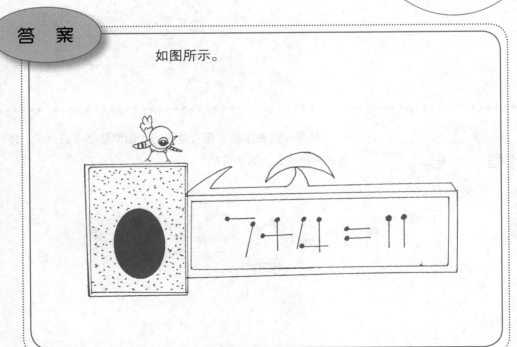

逃走的动物

数学小故事

一天，有 6 只猴子，2 只大象，5 只羚羊，4 只长颈鹿和 3 匹斑马逃出了动物园。

第一天，饲养员捉回了一半的动物；第二天，饲养员又捉回了所剩下的动物的一半。

请问，还有多少动物没有被捉回动物园？

考 一 考

这个算式是错的，现在请你添 1 根火柴，使等式成立。

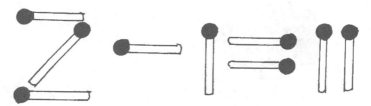

还有 5 只。

先要知道动物的总数为 20 只，剩下的就好办了。

答 案

如图所示。

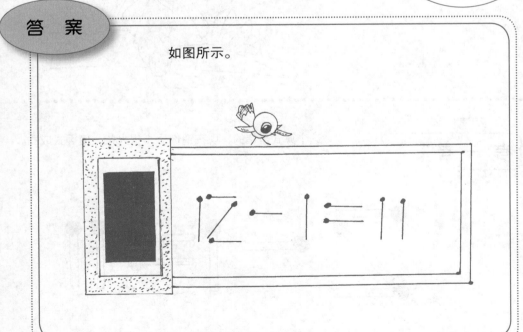

分面包

这儿有 6 个小朋友，可只有 5 个面包，怎样才能将 5 个面包平均分成 6 份呢？你有什么好的办法吗？

考 一 考

这是一道错的数学题，你能想办法只添加一根火柴让等式两边成立吗？

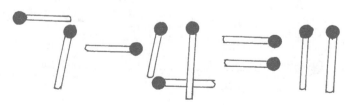

疑 解
难 点

把 3 个面包各切成 2 等份，分给 6 个小朋友，每个人得到 1/2 块面包。

剩下的 2 个面包每个分成 3 等份，每人吃到 1/3 块面包。

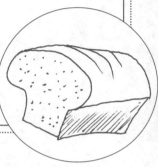

答 案

如图所示。

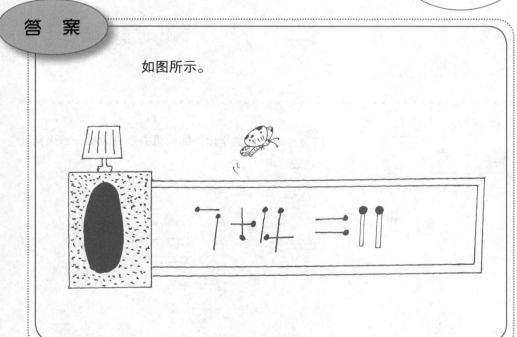

采野果

果果、洋洋和贝贝约好上山采野果，共带了 15 个塑料袋，他们各采了 5 袋，每人采的重量一样多，5 千克的 1 袋，4 千克的 5 袋，3 千克的 4 袋，2 千克的 3 袋，1 千克的 2 袋。洋洋说 2 袋 1 千克的是他采的。

请问，5 千克重的那一袋是谁采的呢？

考 一 考

请你移动 1 根火柴，使等式成立。

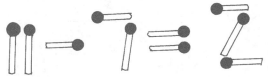

$$11-7=2$$

5千克一袋的是洋洋采的。

野果总量是45千克，平均每人15千克，洋洋的5袋野果中，已有2袋1千克的，那么在3袋13千克重的野果中，必定有1袋5千克重的，另两袋4千克重。

答 案

如图所示。

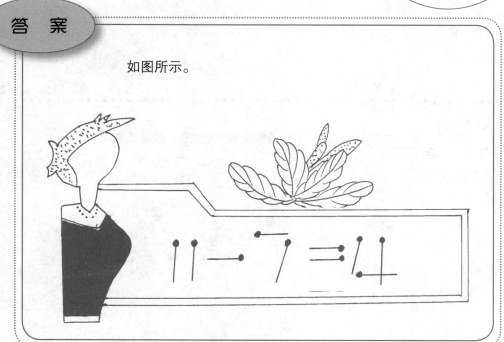

馋小子

妈妈煮好了一些鱼，可可一天偷吃了一半，嫌不够，又多吃了一条鱼。第二天，他又把剩下的鱼吃掉了一半，再多吃一条。第三天，他又先吃掉剩下的一半再多吃了一条。

第四天，妈妈发现鱼只剩下一条了。请问，妈妈煮了多少条鱼？可可每天偷吃了几条鱼？

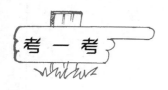
考一考

胖胖真笨，居然认为这道题做对了，如果拿到老师那儿去肯定得0分。不过，如果你移动了其中2根火柴就会得100分。不信，你动动手吧。

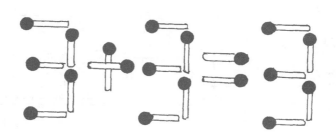

疑解
难点

妈妈共煮了22条鱼。可可第一天吃了12条；第二天吃了6条；第三天吃了3条；最后剩下1条鱼。

注意，要从1条开始算。

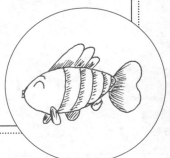

答案

如图所示。

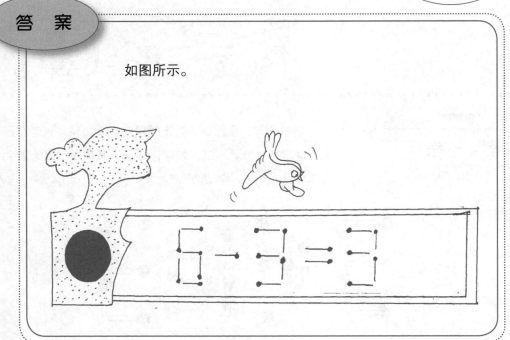

数学小故事

有一群小朋友到地里摘下了一篮子玉米棒，老师发现不能平分。

每个小朋友分 5 个，多了 3 个；每人分 6 个，又少了 4 个。一个小朋友说："我们各拿 5 个，剩的 3 个送给张爷爷。"

你知道有几个小朋友？他们共摘了多少个玉米棒？

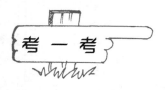

考一考

这道数学题拿到老师那里肯定会得零分。不过，如果你移动了其中 1 根火柴，你就会得 100 分。请问要怎样做呢？

有7个小朋友，共摘玉米棒38个。

即：（3+4）÷（6−5）=7（个）

5×7+3=38（个）

答案

如图所示（答案不唯一）。

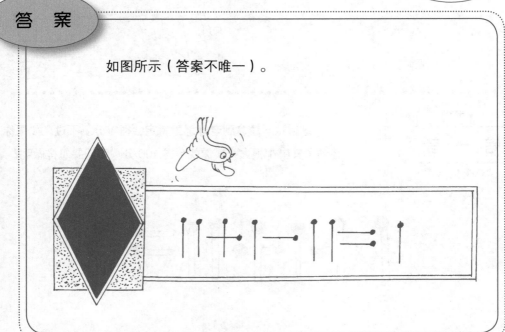

登滑梯

有一只蜗牛，它想攀登一个高 80 厘米的滑梯。它每小时可以爬 30 厘米，然后又会下滑 20 厘米。

请问，它需要几小时，才能爬上滑梯的平台呢？

考 一 考

请你只移动 1 根火柴，使等式成立。

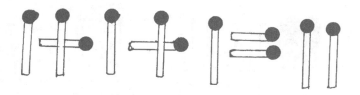

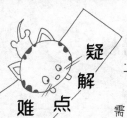

需要6小时。

先爬30厘米，再滑下20厘米，所以开始是每小时爬10厘米，当爬了5小时后，最后还剩30厘米，故最后1小时爬30厘米就已到达，不会再下滑20厘米。

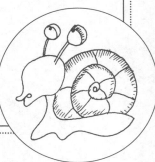

答案

如图所示。

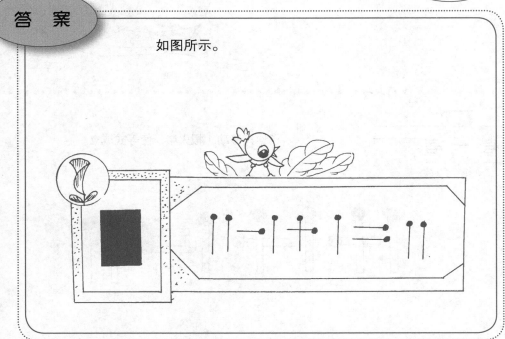

数学小故事

　　乐乐需将自行车、手推车、板车、三轮车各一辆送到新的厂房去（除了这4辆车以外没有别的运输工具），已知到达目的地的时间依次为3分钟、12分钟、15分钟、6分钟。

　　现在要两辆车一起运，按运车时间多的一辆时间计算。请问：乐乐把这四辆车送到目的地最少要多少分钟？

请你只移动1根火柴，使等式成立。

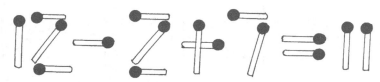

$$12-2+7=11$$

需要 39 分钟。

因为求最少时间，则在返回时应用最快的车，那么，要返回 2 次，运送 3 次，共用时 39 分钟。

答案

如图所示。

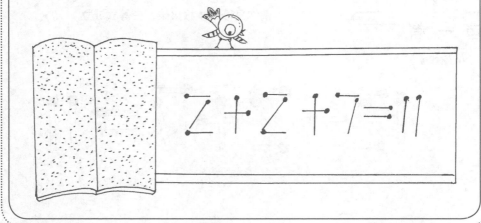

赛 跑

乐乐、丁丁和可可三人参加长跑比赛，其中乐乐的速度最快，跑一圈只要1分钟，可可跑完一圈要2分钟，丁丁跑一圈要1分半钟。

现在是7点整，他们三人在同一起跑线起跑了，你能算出三人再一次并排经过起跑线要几分钟？各跑了几圈？

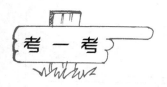

这是一道超级难题。要求只移动1根火柴，使等式成立，你能做出来吗？

125

6分钟以后，他们再次经过起跑线。这时乐乐跑了6圈，丁丁跑了4圈，可可跑了3圈。

答 案

如图所示。

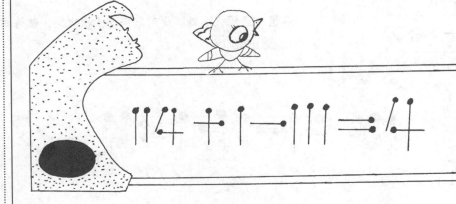

切蛋糕

今天是豪豪的生日，爸爸买了一个大蛋糕。爸爸指着桌子上的蛋糕对豪豪说："这个蛋糕由你来切，你就让爸爸吃的蛋糕多你一倍，而妈妈吃的是你的一半。"

你知道豪豪将怎样来切这个蛋糕吗？

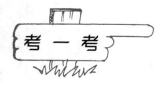

请你只移动 1 根火柴，使等式成立。

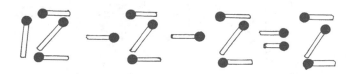

$$12 - 2 - 2 = 2$$

127

豪豪应把蛋糕切成7份，给爸爸4份，给妈妈1份，自己留2份。

$$x + 2x + \frac{x}{2} = 1$$

$$x = \frac{2}{7}$$

则豪豪应将蛋糕分成7份，他吃2份，爸爸4份，妈妈1份。

答 案

如图所示。

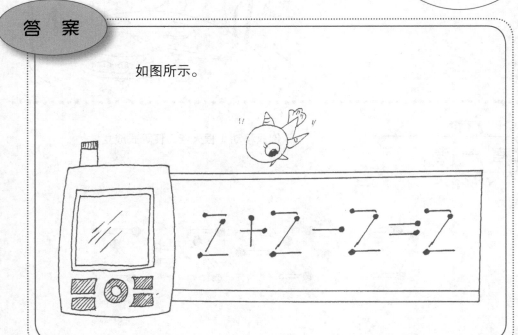

数学小故事

我国明代数学家程大位写了一本《算法统宗》，里面有一道诗歌题《和尚分馒头》，是这样写的：

一百馒头一百僧，

大僧三个更无增。

小僧三个分一个，

大小和尚各几个？

你能算出这道古代的考题吗？

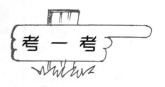

果果做错了这道题，老师让他重做。要求只移动1根火柴。你能把这道题改正过来吗？

大和尚为25人；小和尚为75人。25个大和尚吃了75个馒头；
75个小和尚吃了25个馒头。

答案

如图所示。

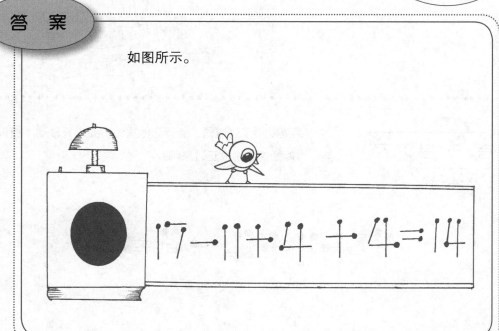

数学小故事

有一个牧区，规定牧民赶羊每经过一个关口，要没收一半的羊，再退还一只。有个牧民在经过十个关口之后，只剩下两只羊。

请问，这个牧民最初共有几只羊？

考 一 考

看，这儿有个铁环，你能将铁环取走吗？当然，你不能剪断绳索，也不能砸烂栅栏。好好动动你的脑子吧？

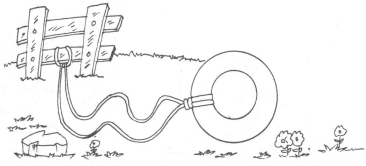

牧民最初只有两只羊。

运用逆向思维，从两只羊向前推就可以得出结果是两只。

答案

1. 把系在栅栏的绳结活套拉开扩大。

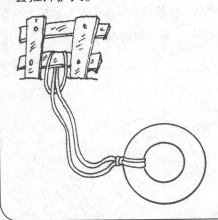

2. 整个铁环从扩大了的绳结套穿过即可。

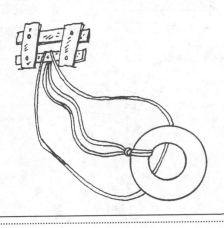

朱元璋分油

其实，这是一个流传了几百年的故事。

有一天，朱元璋骑马走在路上巡察，看见两个人正在路边为分油发愁。这两个人有一只容量 10 升的油篓子，里面装满了油，还有一只空的罐和一只空的葫芦，罐可装 7 升油，葫芦可装 3 升油。他们要把这 10 升油平分，每人 5 升，但是谁也没有带秤，两个人不知该怎样分。

朱元璋看了笑着说："这好办。葫芦归罐罐归篓，二人分油回家走。"说完，策马就走。

两人按照朱元璋的办法倒来倒去，果然把油平均分成两半，每人 5 升，高高兴兴地各自回家了。

其实这是一些最基本的运算，你明白了吗？

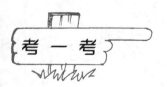

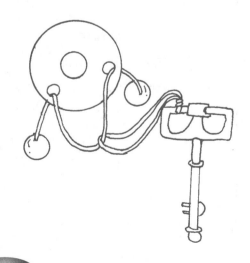

这个铁环和钥匙连接着，在不剪断绳索的前提下，你有什么办法把铁环与钥匙完整的分开呢？

朱元璋所说的"葫芦归罐"是指把葫芦里的油往罐里倒；"罐归篓"是指把罐里的油往篓里倒。做法是：先往葫芦里倒油，只能得到 3 升的油量；把葫芦里的油往罐里"归"，"归"到第三次时，罐子满了，葫芦里还剩 2 升油。再把满满一罐油"归"到篓里，腾出空来，把葫芦里的 2 升油"归"到罐里，再把葫芦盛满，"归"到罐中，就完成分油任务了。

当然，逻辑和推理是一大类数学问题，逻辑思维是一种严密的数学思维。

答 案

用钥匙上的绳索穿过铁环右边小孔，套过铁球，退回即可。

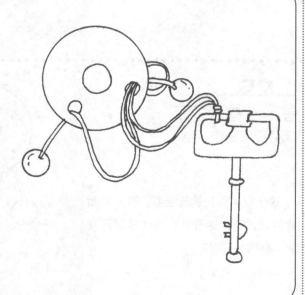

数学小故事

有一次，贝贝乘火车，坐在对面的是一个他不认识的大哥。当火车穿过隧道时，大哥的脸上挂了一层黑烟灰，而贝贝立即站起来去洗脸，大哥仍坐着没动。

你知道这是怎么回事吗？

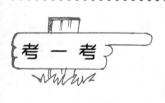

考 一 考

这两个铁环用绳索连着，看上去十分简单，但要解开它，就不那么容易了。如何解开呢？开动你的脑筋吧！

135

因为贝贝看到大哥脸上挂满了黑灰，以为自己的脸上也同样有灰尘，所以去洗脸；而大哥看到贝贝的脸上干净，以为自己脸也是干净的，因此没有去洗脸。

把中间的结穿过对方上的任一小孔，套过铁球退回，即可解开。

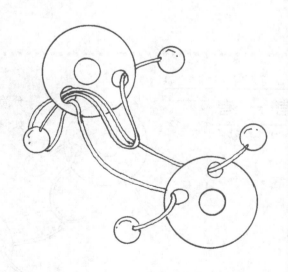

猜 糖

老师对两个学生说："我这儿有三颗糖，两颗软糖，一颗硬糖。现在我分给你们每人一颗，我自己留一颗。请你们根据自己手上的糖，猜出对方手里是什么糖。"

考 一 考

两个铁环被两端有小铁环的绳子连着，你能不剪断绳子而使大铁环脱离绳子吗？

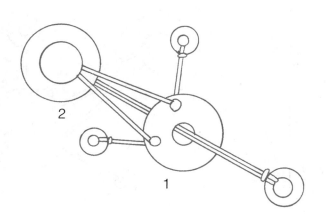

137

对方手里拿的是软糖。因为如果对方拿的是硬糖，双方会很快做出判断，只有双方手上拿的都是软糖，才无法判断对方手上是什么糖。

扩大最下方小环的绳结穿过1环中孔和2环中孔，再穿过1环左边孔，套过小环，然后退回；同样方法解开另一侧小环，两个铁环就可以分开了。

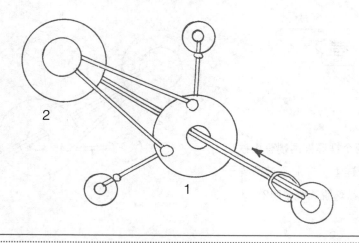

大学老师

数学小故事

3位老师分别姓陈、张、黄。其中一位是小学老师，一位是中学老师，一位是大学老师。已知：

（1）张老师比大学老师年龄大；

（2）黄老师与中学老师不同龄；

（3）中学老师比陈老师年龄小。

请问，谁是小学老师？谁是中学老师？谁是大学老师？

考一考

你能把钥匙从铁环上取下来吗？当然是不能剪断绳索的！

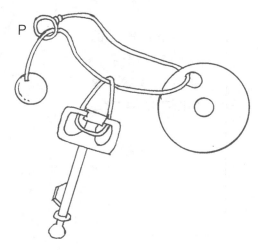

陈是小学老师，张是中学老师，黄是大学老师。

据（1）张老师不是大学老师，（2）黄老师也不是中学老师。得：

（1）张老师是中学老师；

（2）陈最大、张第二、黄第三，由此得答案。

答案

用钥匙上的绳索穿过P孔，套过小铁球，退回即可解下钥匙。

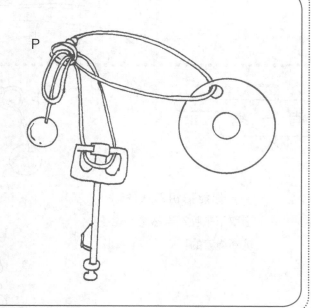

丁谓建宫殿

数学小故事

丁谓在宋朝是有名的聪明人。有一年，皇宫着火了，一夜之间，辉煌的宫殿成了一片废墟。如何在废墟上重建一座辉煌的宫殿呢？皇帝为此很头疼。后来，他想到了丁谓。

皇帝跟丁谓说："你要赶快把这些废墟清理好，还要修好新的房子。城里人多车也多，不能因为给皇宫修房子影响了老百姓的生活。"

这个工程太庞大了，可是皇帝的命令又不能违抗，丁谓很伤脑筋，他分析了一下眼前的形势，找到了面临的几大难题：第一，要把堆成山一样的垃圾清理运走；第二，要运来大量的木材和石料；第三，要运来大量的新土修房子。

可是，不管是运来建筑材料，还是运走垃圾，都是个运输的大工程。如果安排得不好，整个工地就会乱七八糟。应该怎样安排呢？他没有着急开工，而是先在家里冥思苦想，筹划了一番，制定了详细的计划。第二天，他来到工地，胸有成竹地调派人手，分配任务。

那么，你知道他是怎么做的吗？

你的办法不剪断绳索就将这两个相连的铁环分开吗？

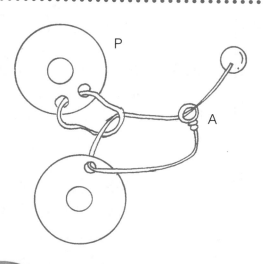

首先，他在施工地点的周围挖了很多又深又大的沟，这样挖出来的新土可以用来修房子。这些沟本身还另有妙用，他把城外的一条河里的水引到沟里，等于造出了很多人工河流，可以用竹筏来运建筑木材和石头，解决了运输问题。最后，等工程完成了，就可以把水再排回河里，原来废墟上的垃圾也可以填到沟里，使沟又变成平地。

听起来很复杂，其实整个过程是这样：

挖沟（取土）—引水入沟（水道运输）—填沟（处理垃圾）。

丁谓按照这个方案，使整个施工过程有条不紊，而且节约了很多人力和钱财。

答 案

把 P 环上的绳穿过 A 孔，套过铁球，退回即可。

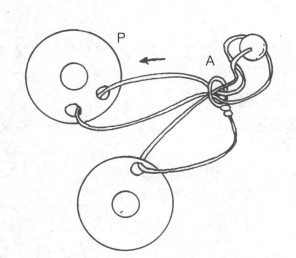

妙用请柬

第二战世界大战期间，德国一支侵略军侵占了法国的一个小镇，德国部队指挥官准备在指挥部宴请各界人士。

这次宴会做了周密的安全工作。颁发的请柬是用两张相同的红票连在一起，宾客在进第一道岗时，撕去一张红票，另一张则在进指挥部时交给门卫。

如果有事外出，则发给一张"特别通行证"，凭此证进出第一道岗哨，只需给哨兵看一下，进指挥部时才被收走。

为了打击敌人，法国游击队想办法弄到了两张请柬。他们准备安排 3 个人打入敌人内部，然后又安排 19 个游击队员通过第一道岗，埋伏在指挥部外。

可是，只有 2 张请柬，这可怎么办？他们怎样做才能让这些人到达自己指定位置呢？经过大家认真地讨论研究，他们终于想出了一个办法。那么你知道他们采用的是什么办法吗？

你能把铁环与水桶分开吗？当然不能剪断绳索！

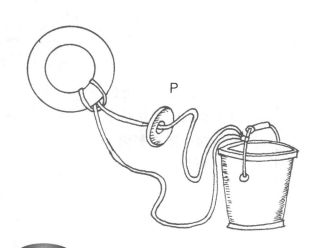

P

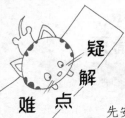

聪明的游击队员是这样做的：

先安排甲、乙、丙3人持两张请柬进入指挥部。

甲先拿一张请柬进指挥部，然后借口有事外出，领取一张"通行证"。

接着乙再用甲拿出的"通行证"进入第一道岗，进入指挥部时用掉另一张请柬的一半红票，然后也借口有事外出，领取一张"通行证"。这时乙的手中就有一张请柬的另一半红票和两张"通行证"。

丙也用乙的方法获取了一张"通行证"。

凭着这3张"通行证"，游击队员每批通过第一道岗3个人，再出来1个人，最终将19个人全部带过了第一岗，埋伏起来。

最后，甲、乙、丙3个人用"通行证"，进入指挥部，交回"通行证"。所有人都到了自己事先安排的位置，为里应外合打击敌人做好了准备。

答 案

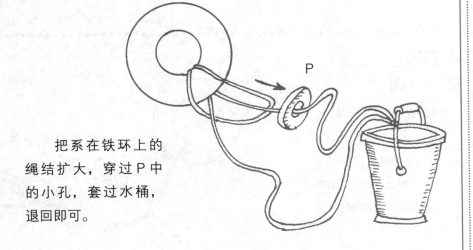

把系在铁环上的绳结扩大，穿过P中的小孔，套过水桶，退回即可。

过 河

有一队运动员，想从河的左岸渡至河的右岸，因为桥被破坏，他们只能借助于一只小渡船和两个孩子的帮助来到达目的地。

渡船很小，一次只能渡一名运动员，或者最多渡两个孩子（不能一名运动员和一名孩子同时渡河）。那么，应该怎样安排渡河，才能让全部运动员都渡过河去呢？

因为渡船很小，每次只能渡过一名运动员，所以不论这队运动员有多少人，他们必须是一个一个地渡河，这就意味着只要找出渡过一名运动员，并使船又能回到左岸的方法，然后重复上述过程，便可将整队运动员都渡过河去。

可是，怎样才能让他们都过去呢？

考 一 考

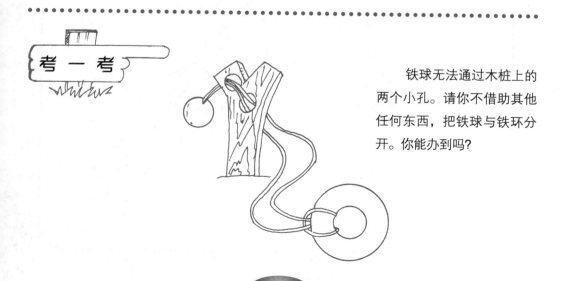

铁球无法通过木桩上的两个小孔。请你不借助其他任何东西，把铁球与铁环分开。你能办到吗？

先由两个孩子同时渡至右岸，一个孩子上岸，另一个孩子把船划回左岸，再让运动员渡到右岸，此时运动员上岸，而已留在右岸的孩子把船划回左岸，

两孩子再一起将船划到右岸，这样重复上述过程，可将全部运动员都渡过河去。

把铁环上的绳索扩大，穿过两个洞孔，套过铁球，退回即可。

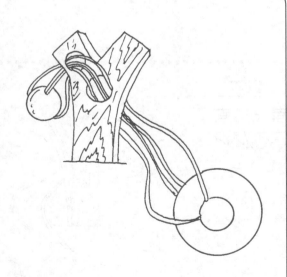

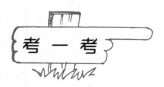

烤面包的学问

佳佳非常喜欢吃面包，每天早晨，妈妈都会给她烤面包吃。

佳佳家里有一个老式的烤面包器，一次只能放两片面包，每次烤一面。要烤另一面，你得等取出面包片，把它们翻个面，然后再放回到烤面包器中去。每片面包要用1分钟的时间才能烤完一面。

一天早晨，妈妈要烤3片面包，两面都烤。佳佳妈妈不喜欢动脑子，她用一般的方法烤那三片面包，结果花了4分钟，这让佳佳爸爸很想对妈妈表达自己的一点看法。

"亲爱的，你其实可以用少一点的时间烤完这3片面包。"他微笑着说，"这样既可以省时间，也能省不少电呢。"

妈妈没有想明白，瞪了佳佳爸爸一眼说："我办不到，你能在不到4分钟的时间内烤完那3片面包吗？"

"我当然能办到。"佳佳爸爸说。

佳佳的爸爸真能办到吗？那么他是怎样办到的呢？

A与B是两个铁环，你能将这两个铁环分开吗？请你记住千万要保持绳子完好无损。

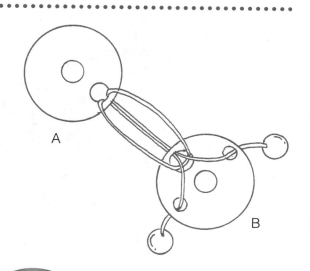

疑 解 难 点

佳佳爸爸用3分钟的时间就烤完了3片面包。我们把3片面包叫作A、B、C。每片面包的两面分别用数字1、2代表。烤面包的程序是：

第一分钟：烤A1和B1面。烤完后，把B换一面，把A取出换上C。

第二分钟：烤B2面和C1面。烤完后，把C换一面，把B取出换上A。

第三分钟：烤A2面和C2面。

这样，只用3分钟，3片面包的每一面都烤好了。

答案

首先把A环上的绳结穿过B环上的左小孔，套过小铁球从套中退回；然后再穿过B环上的右小孔，套过小铁球，退回即可。

A

B

生死门

数学小故事

很久很久以前，有一位皇帝，他听说有一个人非常聪明，这让皇帝十分嫉妒，于是，他把这个人抓起来关进一间房子里。

这间房子有两扇门。根据皇帝的规定，从其中一扇门走出去，可以获得自由；而从另一扇门走出去，则将沦为奴隶。但是门上并不标记，难以断定哪一扇门通往自由。

但这间房里还有两个人，其中一人说真话，另一人说假话。可谁说假话，外表毫无迹象，难辨真假。

皇帝对聪明人说："年轻人，你的命运掌握在自己手里。你是获得自由，或是成为我的奴隶，就看你选择走哪一扇门。在选择之前，你可以在房间里找一个人，向他提一个问题。如果你严格遵守规则，我必将兑现我的诺言。"

这个聪明人就是与众不同，他稍微沉思了一下，果断地走向一个人，向他提出了一个问题。那人伸手指向一扇门。聪明人迈着坚定的步伐，走出门去，获得了自由。那么，你知道他提的是什么问题吗？

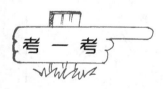

请你在不取走两端的铁环，也不将绳子剪掉的前提下，将中间的那个铁环取下来，你能办到吗？

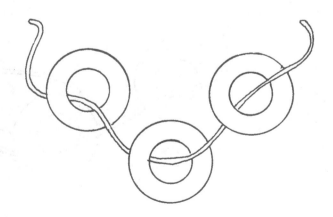

聪明人提出的问题是："走哪扇门会成为奴隶"。若向说假话的人打听，那人会故意误导，错答成走向自由之门；而若被问者讲真话，他将如实转告，指向自由之门。

从这句问话的结果，无论是说真话者，还是假话者，都会指向自由之门。这叫问死得生，问奴隶门得自由门。

瞧，这样就行了！

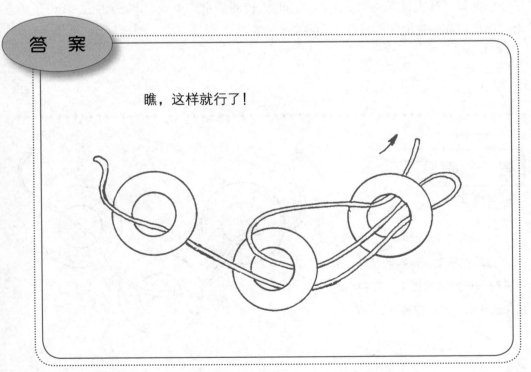

数学小故事

法官面前站着三个人，其中一个是农民或小偷，法官知道当地农民回答问题说真话，小偷回答问题说假话，但他不知道他们之间谁是农民，谁是小偷，因此法官依次从左向右向他们提问。

他悄悄地问左边的一个人："你是什么人？"这人回答后，法官问中间和右边的人说："他回答的是什么？"中间的人说："他是农民。"右边的人则说："他是小偷。"

法官想了想，终于弄清谁是农民，谁是小偷。

那么请问：站在中间和右边的各是什么人？

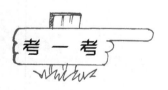

考一考

铁环与P环都不能穿过木桩的洞。你有办法不借助任何帮助取走铁环吗？

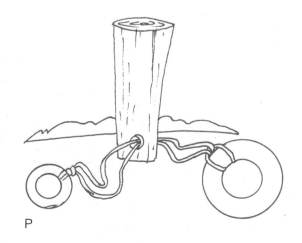

P

151

疑
解
难 点

中间的是农民，右边的是小偷。因为已知农民回答是真话，
小偷回答是假话。在这种情况下，只有小偷才会说别人是小偷。

答 案

把系在铁环上的绳结扩大，穿过木桩洞孔，套过 P
环，退回即可。

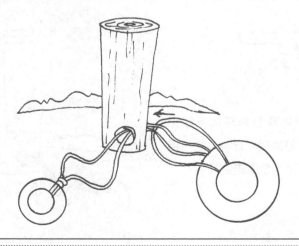

拈阄成婚

清朝年间，道山县黄泥乡有个书生，名叫谭振北。小时候，父亲给他定了亲，是乐进士的女儿。后来谭家嫌贫爱富，想赖婚，而偏偏乐进士的女儿愿意嫁给谭振北，迫于父亲的压力，只是不敢说罢了。

所以，这个乐小姐终日在楼上以泪洗面，盼谭振北来娶她。谭振北听说乐小姐一心要嫁给他，他便主动上门，来见乐进士探听虚实。

乐进士见谭振北来了，就说："你来得正好，我做了两个阄，一个写婚，一个写罢，你拈到婚就成亲，拈到罢就退婚。这算公平了吧！就看你有没有这个福分娶我女儿了。"说完他把阄摆出来，又说："你只看一个就行了。"

谭振北心想，这两个阄肯定都是罢字，如何是好？他沉思了一会拿起一个阄吞进肚里说："这亲事成了。"

你知道为什么吗？

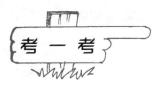

这把钥匙这样被连着，你有什么办法在不剪断绳索的情况下，把钥匙从铁环上取下来吗？

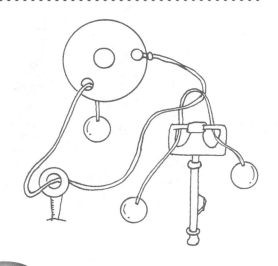

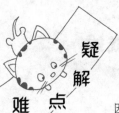

因为乐进士做假，两个阄都是"罢"，吞进肚里的阄无法看，而乐进士手上的阄也是"罢"字，根据推理，那么吞进肚里的应是"婚"字。乐进士只好把女儿嫁给了谭振北。

答 案

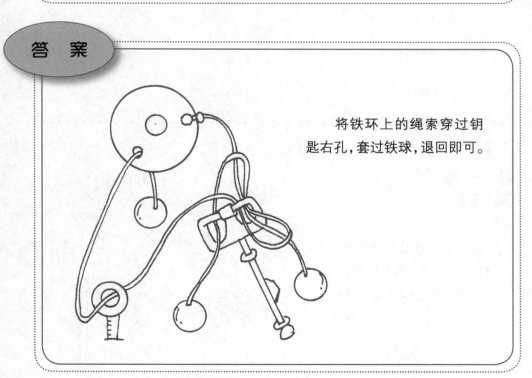

将铁环上的绳索穿过钥匙右孔，套过铁球，退回即可。

谁捡到的钢笔

　　有一天早晨，甲、乙、丙、丁四个同学上学时捡到了一支钢笔，交给了老师。

"这是你们谁捡到的？"

四个同学想出题考考老师，便谁都不说是自己捡到的。

甲说："是丙捡到的。"

丙说："甲说的与事实不符。"

乙说："不是我捡的。"

丁说："是甲捡的。"

这四人中只有一人说了真话，你能判断出钢笔是谁捡的吗？

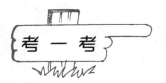

你能将这两个铁环分开吗？当然不能剪断绳索。

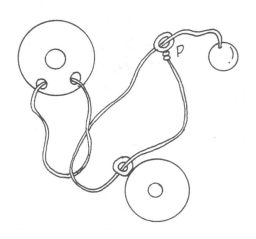

　　已知四人中只有一人说的是真话，推断如下：假如甲说的是真话，那么乙说的也是真话，与条件不符，排除了丙捡笔的可能，同理，丁说的不是真话，所以捡笔的也不是甲。假如是丁捡的，则丙和乙说的都是真话，也与条件不符，可见，捡笔的一定是乙。

答　案

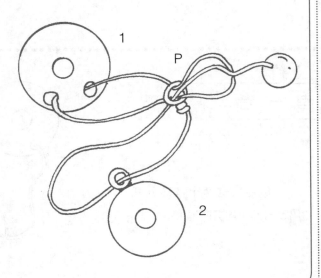

　　用铁环1上的绳索穿过P孔，套过铁球，退回即可。

額頭上的黑點

小赵是个顽皮的家伙。这天中午，他把正在教室里打盹的小张、小王和小李三人的额上都涂了一点墨。

当三人醒来时，相视大笑，但谁都不知道自己头上也有黑点。

小赵对三人说："你们只要看见一人额上有黑点，就把手举起来！"

三个人都举了手。

小赵又说："现在谁猜到了自己额头上有黑点，就可以放下手。"

等了一会，三人都没放下手。

忽然，小张把手放下来说："我额上有黑点。"

请问小张是怎样猜到自己额上有黑点的呢？

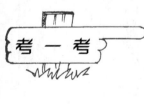

这有两个连着的铁锭，中间还有一个铁环。不剪断绳索，你能将这两个铁锭分开吗？

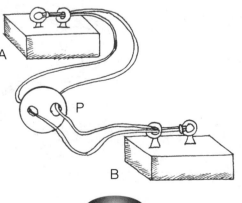

A

P

B

157

小张是这样推理的：如果我（小张）额上没有黑点，那么小李和小王都会很容易做出判断，他们都没有把手放下，说明我额上有黑点。

答案

把A铁锭左环上的绳结拉开穿过右环，套过铁环P和铁锭B，退回即可。

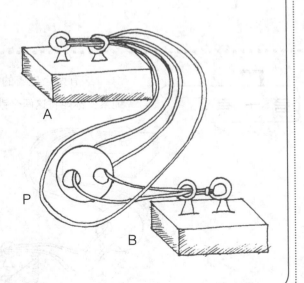

骑士与无赖

数学小故事

在中世纪，欧洲某地有个村庄。这个村庄里住了两种人：一种是总说真话的骑士，一种是总说假话的无赖。这两种人的衣着、风度并没有多大的区别，因而单从外表是无法断定他们各是哪一种人的。

有一天，一位学者途经这个村庄，看见大树下有 A、B 两人在休息。他很想知道他们俩到底是哪一种人。于是，他就向 A 提出了一个问题："你俩中有一个是骑士？"

"没有。" A 回答说。

学者听了 A 的回答，稍微想了一想，就推出了 A 和 B 各是什么人。

那么，A 和 B 究竟是哪一种人呢？这位学者又是怎样从 A 的回答中清楚这一点的呢？

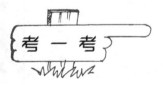

考 一 考

两个大铁环 A 和 B，被绳索连着，你能把它们分开而又保持绳索完好无损吗？

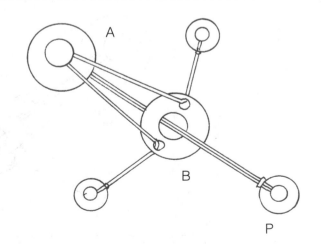

159

其实，要弄清A和B的真实身份并不难。我们知道这个村庄里只住了两种人，一种是总说真话的骑士，一种是总说假话的无赖。如果A是骑士，那么，他就是说的真话；如果他说真话，那么，他对"你俩中有一个是骑士？"应该回答"有"；而他却回答"没有"，所以，A不是骑士，而是无赖。

答　案

扩大P环上的活套，穿过B环中孔、A环中孔，再穿过B环左边小孔，套过小环，然后退回；再用同样方法解开右边一侧小环，这样A环与B环就可以分开了。

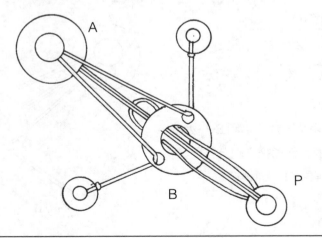

鲍西娅的肖像

数学小故事

莎士比亚的名著《威尼斯商人》中有这样一个情节：

富家少女鲍西娅，不仅姿容绝世，而且有非常卓越的内在修养。许多王孙公子纷纷前来向她求婚。但是，鲍西娅自己并没有择婚的自由，她的亡父在遗嘱里规定要猜匣为婚。

鲍西娅有三只匣子：金匣子、银匣子和铅匣子，三只匣子上分别刻着三句话。在这三只匣子中只有一只匣子里放着一张鲍西娅的肖像。鲍西娅许诺：如果有哪一个求婚者能通过这三句话，猜中肖像放在哪只匣子里，她就嫁给他。

现在我们知道，金匣子上刻的一句话是："肖像不在此匣中"；银匣子上刻的一句话是："肖像在金匣子中"；铅匣子上刻的一句话是："肖像不在此匣中"。

这三句话中只有一句是真话。请问，求婚者应该选择哪一个匣子呢？

这把钥匙与一个铁环连着，你能有什么办法让它们分开吗？当然不能剪断绳索哦！

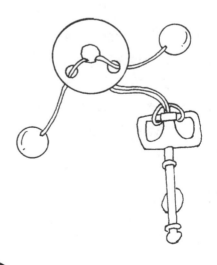

金匣上刻的一句话是："肖像不在此匣中"；银匣子上刻的一句话是："肖像在金匣中"。这两句话是互相矛盾的。又因为已知三句话中只有一句是真的，这样，我们就可以断定三句话中的唯一句真话，或者是金匣上刻的话，或者是银匣上刻的话。

由此可见，铅匣上刻的话只能是一句假话，而铅匣上刻的一句话是："肖像不在此匣中"。既然这句话是假的，那么肖像就一定在此匣中了；所以，求婚者应选择铅匣。

答案

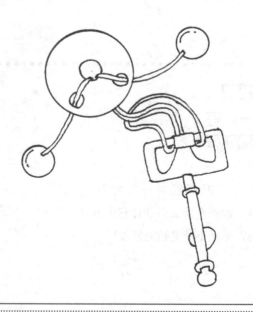

扩大钥匙上的绳结，穿过铁环大孔，再穿过右边小孔，套过铁球，退回；再用此法套过左边铁球，退回即可。